新型职业农民培育教材

果树主要病虫害绿色防控技术

主　编：刘　旭　刘虹伶

副主编：张武军　沈　丽

参　编：石万成　杨永利　陈庆东
陈　松　胡　伟　刘月悦
何高春　蒋　滨　李　超

电子科技大学出版社
University of Electronic Science and Technology of China Press
成　都

图书在版编目（CIP）数据

果树主要病虫害绿色防控技术 / 刘旭，刘虹伶主编.
-成都：电子科技大学出版社，2018.2

ISBN 978-7-5647-6534-7

Ⅰ.①果… Ⅱ.①刘… ②刘… Ⅲ.①果树-病虫害防治-无污染技术
Ⅳ.①S436.6

中国版本图书馆CIP数据核字（2018）第165240号

果树主要病虫害绿色防控技术
刘 旭 刘虹伶 主编

策划编辑 辜守义
责任编辑 辜守义
封面设计 杨 力

出版发行 电子科技大学出版社
成都市一环路东一段159号电子信息产业大厦 邮编610051
主 页 www.uestcp.com.cn
服务电话 028-83203399
邮购电话 028-83201495

印 刷 成都蜀通印务有限责任公司
成品尺寸 140mm×203mm
印 张 7.5
字 数 170千
版 次 2018年2月第一版
印 次 2018年2第一次印刷
书 号 ISBN 978-7-5647-6534-7
定 价 23.00元

版权所有，侵权必究

新型职业农民培育教材

编　委　会

主　　任：潘海平

执行主任：陈开勇　王帮武

编　　委：邓爱群　丁　燕　陈代富
王　波　张中华　殷　姿
杨曙光　赵　艳　左亚红
胡　恒　胡　冰　邓　玲

编者的话

为贯彻落实党的十九大关于实施乡村振兴战略的决策部署和中央一号文件关于全面建立职业农民制度的指示精神，加快培育高素质新型职业农民，我们组织有关高等院校、科研院所的涉农教师以及长期从事农业技术推广工作的资深专家，对原有的新型职业农民科技培训教材进行了修编。修编教材具有较强针对性和实用性，是目前国内同类教材中最新的一套培训教材，可更好地满足各地新型职业农民培训需要。

修编教材采用了国家最新标准、法定计量单位和最新名词、术语，并力求做到内容浅显易懂、图文并茂，让农民朋友易于学习、掌握。目前已完成修编的教材有 7 本，涵盖种植、养殖两个大类。

由于编写时间较为仓促，教材中难免存在不足和错误，诚恳希望各位专家和广大读者批评指正。

《新型职业农民培育教材》编委会

2018 年 6 月

目 录

第一章　果树主要病虫害绿色防控的目的和意义

根据资料，我国30多种果树有867种害虫、736种病害，其中分布较广、危害严重的有90余种害虫、60余种病害。如柑橘红蜘蛛、柑橘四斑黄蜘蛛、山楂叶螨等害螨猖獗危害时，使树叶变色焦枯，引起大量落叶，树势衰弱，抗性降低，特别是大量施用广谱性杀虫螨剂，杀伤了螨类天敌。其结果是螨类更加猖獗。柑橘炭疽病、桃树流胶病、桃缩叶病、葡萄炭疽病、葡萄白腐病、葡萄霜霉病、葡萄黑痘病、梨黑星病、石榴疮痂病、枇杷花腐病、梨苹果树腐烂病、柑橘脚腐病等以及蚧类害虫发生也十分普遍和严重，如果防治措施不力，对果树产量和果品质会造成严重危害。黑蚱蝉为世界性害虫，被害植物甚多，除一般林木外，柑橘、梨等多种果树和林木受害最普遍。该虫完成其生活史需要12～13年，一般不引起注意。2006年作者去四川省安岳县、罗江县调查此虫，发现柠檬、梨树枝条受害率达50%以上，有的达80%以上。一些具有潜在性危险性病虫，在一些局部地区的危害性也相当严重，对经济和社会影响不可小视。如柑橘大实蝇、桔小实蝇、蜜橘大实蝇、葡萄根癌病、葡萄根瘤病、柑橘溃疡病、柑橘黄龙病等检疫性病虫害，如果检疫措施不严，一旦从疫区流入非疫区，其潜在危险性可想而知。

果树是多年生植物，其产品又是经济价值较高的产业。果园环境及病虫组成比较稳定。一些主要病虫每年都可能发生和为害，一些所谓的次要病虫害也可能上升为一个地区或一些地域的主要病虫害。同时果树生产每年都要投入大量人力和物力进行病虫害防治。大量使用农药和化肥，就不可避免地造成对环境、果品的污染，致使果树缺素症状一年比一年明显，因此，果树病虫害绿色防控显得十分重要。

第一节　果树病虫害绿色防控的必要性和可行性

在我国近十多年来果树病虫害的研究文献中，“综合防治”与“综合治理”及“绿色防控”经常通用，似乎意义相同。但是从病虫害综合治理的指导思想和要求来看，绿色防控的意义更为广泛。它包括一般防治内容以外的一系列因素，强调考虑生态和环境效益，天敌自控作用，维持生物多样性。因此，要做到“预防为主，综合防治”，必须引入病虫“绿色防控”的理念。它的核心不是消灭某一病或某一虫（实际是不可做到消灭一种生物）。要做到“绿色防控”果树病虫害，首先必须确定某一种果树的主要病虫害种类。具体到每一个产区甚至每一个果园，由于环境生态和病虫防治水平的差异，病虫种类和主要种类也有所不同。

要做果树病虫害的绿色防控，首先是要弄清楚不同生态条件下的各个果园病虫害种类以及不同树龄、不同年生物学物候期与主要病虫害与有益生物发生的相关性，然后才根据确定哪些病虫害需要重点防治，哪些病虫害为一般防治，要采取哪些手段和措施以达到安全、经济、有效地将主要病虫害控制在经济损失允许的水平之内。

果树农业的目标是生产果品，自古以来果品一直是商品价值较高的农产品，而价值又受到病虫害的严重影响。果树中的柑橘、梨、枇杷、葡萄等，已成大规模农业。果树经营者为病虫防治需要付出大量的人力和物力，这些人力和物力大都投入在农药和农肥设施上，减少或减轻这些投入，就要增强果树抗病虫能力，减轻病虫发生的数量和为害程度。这样就提高了果品的产量和果质。果树与其他的农作物不同之处，在于果树是多年生长作物，形成一个立体的复杂环境，为许多有害生物和有益生物提供良好的生存、繁衍的场所。因此，果树病虫种类很多，根据资料：梨害 341 种，病害 79 种；柑橘虫害 554 种，柑橘病害 96 种；葡萄虫害 135 种，病害 14 种；桃树害虫 231 种，病害 52 种；枇杷害虫 41 种，病虫害 21 种；石榴害虫 26 种，病害 8 种。近十多年来各地作了许多调查补充，上述果树病虫害远不止这个数目，说明果树病虫种类繁多。其容易受害的原因之一是果树为多年生长作物。当然这些生态环境也为有益生物提供了生存和繁殖的条件，因此也为果树病虫害的绿色防控提供了有利条件。

第二节　果树生物气候学时期与病虫害的关系

无论是落叶果树或是常绿果树，在一季中它进行着外部形态结构和内部生理功能方面的有节奏、有规律的变化，如萌芽、开花、新梢生长、花芽分化、果实生长成熟、落叶（落叶果树）休眠。而且这些变化又与一年中四季气候密切相关，也就是病虫害在一年的发生发展依赖果树生物气候学时期

(简称物候期)的变化而生存和发展。果树植保科技工作者,就是研究弄清病虫害发生发展规律与果树生物气候学的相关性,找出害虫生活史、病害浸染循环中的薄弱环节,采取有效的一种或多种措施加以控制病虫的为害。如柑橘花蕾蛆的发生和为害与柑橘树花期这一物候期相当吻合。当柑橘现蕾期,花蕾色泽为绿色,成虫出土;花蕾露白,直径2~3mm,成虫产卵最多;当花蕾膨大时,成虫已产卵完毕;花蕾含苞待放(绽)时,已无成虫产卵;花蕾开放时,已属于安全期。因此,可以根据柑橘花蕾变化与花蕾蛆发生的关系再结合天气情况,采取当柑橘花蕾色泽变绿前1~5天进行地面施药,防治成虫上树产卵;当花蕾露白期进行树冠喷药,防治花蕾蛆幼虫为害。又如,梨云翅斑螟越冬幼虫出蛰为害梨花期与梨树春季萌芽期的物候期相当吻合。春季,当梨树芽萌动期,越冬幼虫从虫芽蛀孔内钻出,转移至附近膨大的花芽上为害。药剂防治越冬幼虫出蛰的适期,应在梨芽开绽期施药。桃褐腐病、桃炭疽病在我国南方桃区,越冬病原在桃树萌动时形成子囊孢子和分生孢子,侵染桃树幼嫩组织,成为初次侵染源。为了打断桃褐腐病和桃炭疽病侵染循环,应于桃树萌动前喷施具有铲除性的杀菌剂。所以研究果树病虫发生发展规律一定要研究与果树生物气候学时期(即年物候期)的相关性,找出寄主与寄生物之间的关系,制定果树病虫防治策略和措施,就能克服单病单虫的单一防治的缺点,以提高到以作物为中心的群落(昆虫)水平的绿色防控。

第三节　用生物或生物源控制果树病虫害的技术

利用捕食性和寄生性天敌、害虫性外激素和微生物农药等来控制害虫的技术，是果树植保不可缺少的组成部分。近年有学者把因抗虫、抗病虫转基因植物也列入生物防治范畴。由于生物防治主要是运用自然界生物相克的原理，人为地增大原本在自然界中存在的对病虫害有相克作用的生物，来控制有害生物的为害，故具有较小的环境风险，是一种环保的植保技术。

一、保护和利用自然天敌

自然中有许多天敌制约着害虫的发生，从而调节着自然中的生态平衡。保护和利用自然天敌的措施是科学合理使用农药。由于果园中大量使用广谱性杀虫剂，在消灭害虫的同时，也消灭了害虫的自然天敌，导致害虫再猖獗为害。化学农药的使用本身也可以改进，即提倡使用选择性农药。选择性农药有两种：一是生理选择性农药，二是生态选择性农药。生理选择性农药是用一种农药只杀害虫而对天敌杀伤性很小或者不伤害其天敌。如三环锡对叶螨有效，对捕食螨则无效。又如灭幼脲，据资料报道，它对黏虫有效，对天敌步甲则无害。还有灭蚜松、抗蚜威对蚜虫高效，而不伤害瓢虫。伏杀磷也是对天敌影响较小的有机磷类农药；生态选择性农药对害虫杀伤力大，对有益天敌杀伤力小，也就是对害虫毒性高，对天敌毒性弱。这也就能把害虫消灭，留下一部分天敌在自然中繁殖，扩大其数量。按害虫防治指标科学合理使用，也是保护利用天敌的有效措施。如按害虫防治指标进行施药防治，是保护天敌的重要措施之一。如柑橘红蜘蛛，春季气温 10℃以上，平均每叶有螨 2 ~3 头，或目测有螨叶率 10% 左右；气温 15℃左右，平均每叶有螨 4 ~5 头，或目测有螨叶率 20% 左右；气温 20℃左右，平均有螨 5 ~8 头，或目测有螨叶率 30% 左右等，可按上述防治指标施药。又如桃蛀果蛾、梨小食心虫为害梨的卵果率 1% 左右喷药。梨云翅斑螟的防治指标是：多果年分虫芽率达

5%以上，少果年分虫芽率为3%等。改进施药方法，同样能达到保护天敌的效果，改全园施药，为点片施药，改普治，为挑治。这样就能将化学防治与自然控制协调起来，就能把害虫的为害控制经济允许水平之下。

二、天敌的释放与助迁天敌及从外地引进、训化天敌

在国内外都有许多成功的实例。用松毛虫赤眼蜂防治卷叶蛾；用中华草蛉及植绥螨防治叶螨；利用平腹小蜂防治荔枝蝽象，都收到较好效果。笔者曾从中国农科院生防所引入西方盲足螨和虚伪钝绥螨，在茂县凤仪园艺场和理县桃坪乡苹果园防治苹果全爪螨也取得进展；在柑橘园于4～5月，10年生的柑橘树，每株平均放500余头钝绥螨，即在短期内收到很高的控制柑橘红蜘蛛或四斑黄蜘蛛的效果。河北省一些苹果园在麦收后，在麦田收集大量瓢虫释放到苹果园，也起到了控制害虫的作用。

另外，近年来微生物杀虫剂的利用，细菌制剂的研究和应用成效显著。应用Bt、日本金龟子杆菌、蜡状芽孢杆菌芽防治鳞翅食叶性幼虫、天牛和金龟子也取得良好的效果。寄生昆虫的真菌约有500余种，主要属于藻菌和半知菌，如白僵菌、绿僵菌、赤僵菌、曲霉菌等，其中以白僵菌应用最广泛。还有昆虫毒病类，如核型多角病毒、质型多角体病毒和颗粒体病毒，对害虫的致病能力相当强。昆虫病原线虫等，都可以用于防治果树害虫。利用抗生素防治果树病害，如链霉素、噻霉酮和中生菌素等，应用于防治柑橘溃疡病、桃树穿孔病等细菌性病害，有良好的效果；又如春雷霉素防治梨、苹果树腐烂病，多抗霉素和氢氧化铜等药剂防治梨黑斑病、果树斑落叶病等，已应用于生产。

第四节　维持果园生物多样性和生态防治病虫害

果树园内外种生草或一年生浅根性植物，周围种防护林和阔叶植物，使果园的生物相多样化、复杂化，有利于多种天敌的生息和发生。中国农科院柑橘研究所推广在柑橘内外种苏麻、紫苏、百花草和豆类以及蓖麻、丝瓜等植物，提高了钝绥螨、具瘤长须螨、食螨瓢虫、草蛉、粉蛉、芽枝霉、虫生藻菌等，对减少红蜘蛛的活动态螨群数量能起到相当好的控制作用。

近年来，我国果树生产正向商品化、专业化、集约化、系列化的方向发展，对果树病虫防治必须做到安全、经济、有效。因此，作为果树植保科技工作者应勇于探索、积极实践，为促进农业和农村经济可持续发展发挥积极而重要的作用。

第二章 果树病虫害绿色防控技术基本知识

第一节 果树病害基本知识

受病菌和其他生物寄生或环境因素的影响所表现的植株生长不良、品质变劣、产量下降等现象统称为果树病害。

病害的发生。必有一定的原因，在病理学上称为病原。根据不同的病原来划分，一般可分为侵染性病害和非侵染性病害两大类。由病原生物的侵染所致病的，称侵染性病害，也叫寄生性病害；另一种由不良环境因素（温度、雨水等）和空气中的污染物质引起的病害称非侵染性病害，也叫生理学病害。这种病害，有可能导致侵染性病的发生，本书所介绍的果树病害都是属于侵染性病害。

一、侵染性病害的病原特征

危害果树的病原物有真菌、细菌、病毒、线虫以及寄生性种子植物等，其中关系最大的是真菌。现将各种病原物的特征简介如下。

（一）真菌

真菌是一群很小的低等植物，形态复杂，但都无叶绿素，不能自营生活，一般以孢子萌发产生芽管侵入植物组织中并不断生长成菌丝蔓延，吸取养分并分泌毒素，使植株发病。

真菌的营养体主要为菌丝体，由多数菌丝组成。菌丝纤细管状，分隔或不分隔，无色或有色，分枝生长，丛集而成菌丝体。菌丝体不仅吸取营养进行生长、发育，而且可以再生繁殖。很多真菌的菌丝体，可以越冬而成为次年发病的病原。此外，有的真菌的菌丝也在不良条件下外膜变厚（后垣孢子、菌核、菌索都属于这一类），在度过了不良环境之后，当外界条件适合时，即可萌发产生新的营养体。

真菌的营养体发育到一定阶段，产生繁殖体，它是真菌行使繁殖机能的菌体。繁殖体由子实体与孢子组成。子实体是产生孢子的特殊器官，如分生孢子器、分生孢子盘、子囊壳和担子体等，都是产生孢子的器官，总称子实体。但也有由菌丝直接生成的。孢子是真菌的主要繁殖器官，按其生成的方法可分为有性孢子和无性孢子两种。无性孢子是不经过异性细胞的结合而形成的，主要有游动孢子、孢囊孢子和分生孢子等类型。主要有性繁殖产生的有性孢子主要有卵孢子、接合孢子、子囊孢子和担子孢子等类型。子囊孢子生于子囊内。子囊壳是由菌丝组成的拟薄壁组织，其形态可分为球形不开口的、开口瓶形和盘形三个类型。担子孢子是外生在担子上并有正负之分的。担子又分有隔和无隔两种。

一般真菌的个体发育，最初由孢子萌发，产生芽管，伸长分枝成菌丝体；发育到一定阶段内，在适宜的条件下，产生无性孢子，分散传播，再继续在新的适宜生活条件下发育繁殖；当发育条件不适宜时，营养体可转变产生有性孢子。有性孢子能抵抗不良环境条件，到条件适宜时再行萌发，产生新的个体。因而真菌的全部发育过程，分无性世代与有性世代两个阶段，世代之间常相互交替进行。

真菌种类繁多，一般是依据进化的程度，按其菌丝的发达程度及有性孢子形成的特征等，可分为四纲一类，区别如表2-1所示。

表2-1 真菌分类

形态特征 类别	菌丝	无性孢子	有性孢子
古生菌纲	无或有较原始的菌丝	游动孢子	形似游动孢子的配偶子
藻菌纲	菌丝无分离	孢囊孢子或游动孢子	卵孢子或接合孢子
子囊菌纲	菌丝有分隔	分生孢子	子囊孢子
担子菌纲	菌丝有分隔	分生孢子（不发达）	担子孢子
半知菌类	菌丝有分隔	分生孢子（很发达或无）	尚未发现

（二）细菌

细菌属于最小的单细胞生物，一般没有营养体和繁殖体的分化，多以分裂方法进行繁殖，可分为球菌、杆菌和螺旋菌三个类型。但所有的植物病原菌都是以杆细菌。

病原细菌通常是在病株上或随病株残体落在土中越冬，次年借风、雨、昆虫以及带菌苗木、接穗的转运而传播，从植物的自然孔口和伤口等处侵入危害，如柑橘溃疡病等。

（三）病毒

病毒是在电子显微镜下才能看见的一种极其微小的寄生物。它存在于病株的汁液里，能随着汁液在树体内的运转扩及全体，引起全株性病害。症状常表现为花叶萎缩、矮化和丛枝等。病毒病害的传播，主要是通过刺吸式口器害虫、嫁接，病株与健株接触和带毒植物的调运而进行的。故在防治上要及早消灭传毒媒介，实行种苗检疫制度以及选育抗病品种等，如柑橘裂皮病等。

（四）线虫

线虫属圆形动物门、线虫纲，以卵生方法进行繁殖。雌雄交尾后产卵，由卵解化为幼虫，幼虫再经几次蜕皮，变为成虫。成虫一般为线状，两端尖细，危害植物的线虫，口腔中有一个特殊的矛状吻针，在取食时可以刺穿食物，在植物中生活时还可以破坏细胞，如柑橘根线虫病等。

（五）寄生性种子植物

危害植物的寄生性种子植物主要是菟丝子及槲寄生等。其种子在条件适宜时，即可萌发生出细长的芽管，能作旋回运动；当接触到寄主时，即缠绕树上，出生吸根侵入寄主输导组织而吸收营养。

二、控制果树侵染性病害发生和流行的途径

果树由于病原物的寄生而引起病害，但各种病原物之所以能引起病害，不仅取决于病原物的作用，也取决于果树本身的抗病抗逆能力和环境条件的影响。因此，我们说果树病害是病原物、寄主植物和环境条件相互作用的结果。这三者之间的主次，常随不同的客观情况而转变，不能等量齐观。

（一）病原因素

病害的发生、流行与病原物的致病力关系极大。各种病原物的致病力是不一致的。一般说来，致病力的大小是决定病害能否发生和流行的重要条件。但是病原物的致病力不仅受环境条件的影响发生变化，而且常由于杂交或因适应新的寄生产生不同的生理小种，其致病力也随之而起变化。另外，病原物的繁殖力与病害发生和流行的关系也很密切。各种病原物的繁殖力不同，而高度繁殖力常是造成病害大发生的一个原因。但繁殖力也不是固定不变的，在不同环境条件下，繁殖力大小有很大的出入，所以病害发生的程度，常依环境条件而有相应的改变。病原物的适应性与传播的效率等，与病害的发生、流行都

有很大的影响。一般随风力传播的和适应性较广的病原物，扩散蔓延迅速，可能造成病害的流行。病原物的来源有以下几个方面：罹病植株（是产生病原的基地），带病种子、土壤、混有病原体的肥料，杂草寄主及转主寄主等。病原物的传播：有病原物本身动力的传播、环境因素动力的传播（如风、水流、昆虫）、人为作用的传播等。了解这些，有利于我们处理病株，清洁田园，消灭病原物，处理种子苗木上所带病原和深耕土壤，改变条件，清除杂草，消灭媒介昆虫，实行检疫措施；等等，就有可能控制病害的发生与流行。

（二）寄主因素

病原物在植物体上能否引起病害，与植物的外部形态、内部组织结构和生理、生化等特性都有关系。故某些品种较耐病、抗病，而另一些品种则极易感病。即同一品种果树所用砧木不同，抗、耐、感病性也有所不同，如柑橘疮痂病、炭疽病在果树嫩叶幼果期最易受感染。

（三）环境因素

病害的发生、流行与环境因素关系密切。影响病害发生、流行的环境因素包括温度、湿度、光照、土壤以及栽培措施等。这些环境因素，一方面影响寄主植物，另一方面影响着病原物。从病原物的角度上来说，病原物的生长、繁殖等都要受到温度的限制，都有各自的适温范围。同时，一般病原物多在潮湿的环境下生长较好，繁殖较快，但也有例外者。此外，土壤的温度、含水量、结构、酸碱度、养分以及土壤中的微生物活动等，对某些病害的发生也有很大影响。

研究病原物、寄主植物和环境条件三个因素与病害发生关系的目的，就是在于要摸透它们之间和各自的情况，以便发挥我们的主观能动性。从而主动、积极地减少果树生长发育的不利条件，增加对病原物生存发育的不利条件，以减轻病寄的发生或预防其发生与流行蔓延。

第二节　昆虫基本知识

果树上有害动物有昆虫（属节肢动物门，昆虫纲）、螨类（属蛛形纲，蜱螨目）、蜗牛（属软体动物门）腹足纲和其他有害动物等，其中以昆虫为主。昆虫种类繁多，可分为害虫与益虫两大类。危害果树的害虫有数百种，它们分属直翅目、缨翅目、半翅目、同翅目、鞘翅目、鳞翅目、双翅目等。益虫有寄生蜂、捕食性瓢甲、草蜻蛉、螳螂、寄生蝇等。

一、昆虫的形态特征

昆虫的个体发育由卵开始，孵化后进入幼虫阶段，多数幼虫还需要经过蛹的阶段，再发育成为成虫。昆虫种类不同，其形态特征也不相同。凭此，我们可以识别各种昆虫。

（一）成虫

成虫的身体分头、胸、腹三部分。头部有口器，一般有1对复眼，2～3个单眼和1对触角。胸部由3个体节组成，依次称为前胸、中胸、后胸；各胸节的两侧下方各有1对足，称前足、中足和后足；通常中、后胸各有翅1对，称为前翅和后翅。腹部一般由10～11节腹节组成，体节两边有通向体内的气管开口，叫气门；雄性昆虫的第八、九两腹节或雌性昆虫的第九腹节，常具有交尾产卵的外生殖器和产卵孔。许多昆虫还保留着第11腹节的附属器（尾须）。

1. 触角

触角是昆虫的感觉器官，位于额区，生在两只复眼之间或下方，由若干可活动的环节构成。基部一节称柄节，第二节称梗节，第三节以上统称鞭节。触角的形状很多，常见的有丝状、棒状、鬃状、羽状、锯齿状、栉齿状念球状和鳃叶状等。

2. 口器

口器是昆虫的取食器官。由于口器外形变化很大，取食的方式也不同，最常见的有咀嚼式口器，如金龟子、恶性叶虫，它们咬食树叶、枝干等。再就是刺吸式口器等。口器外形不同，取食的方式也不同，化学防治上用药也要有所不同。

3. 足

足是昆虫的行动器官。各种类型的足的基本构造是相同的。从基部起依次称为：基节、转节、腿节、胫节、跗节。最常见的如天牛的步行足，蜥的跳跃足，蝼蛄的开掘足，螳螂的捕捉足，蜜蜂的携粉足等。

4. 翅

翅是昆虫的飞行器官，着生在中胸和后胸。翅的外形多呈三角形。三个边称前缘、外缘和后缘，三个边的夹角称为肩角（基角）、顶角（翅尖）和臀角。翅内的角质管称为翅脉，起着骨架的作用。翅脉在翅上的分布型称为脉相，是昆虫分类的重要根据之一。翅脉可以分为纵脉和横脉两种。纵脉是从翅基到翅的边缘的翅脉；横脉是横列在纵脉间的短脉。纵脉和它的分支各有一定的名称和规定的简写法。横脉也有一定的名称，原则上根据它所连接的纵脉而命名，并有固定的简写法。翅通常具有的横脉见表 2 - 2。

翅的质地不同，可分为膜翅、鞘翅、半鞘翅、鳞翅、缨翅和平衡棒等。

表 2-2 翅通常具有的横脉

横脉名称	简写	链接的纵脉
肩横脉	h	C 到 SC
经横脉	r	R_1 到 R_{2+3}
分横脉	s	R_3 到 R_4 到或 R_{2+3} 到 R_{4+5}
径中横脉	R-m	R_{4+5} 到 M_{1+2}
中横脉	m	M_2 到 M_3
中肘横脉	M-cu	M_{3+4} 到 Cu_1

（二）卵

昆虫的卵是一个大型细胞。外层称卵壳，壳面有各种不同的刻纹和色泽。

昆虫种类多，卵的大小和形状也有差别。比较常见的有圆形、卵形、椭圆形、扁圆形、半球形、桶形和具柄形等。

（三）幼虫

昆虫的幼虫一般也分头、胸、腹三部分。头部较坚硬，有单眼、触角及口器。口器一般分为“咀嚼式”和“刺吸式”。体躯较柔软。前胸及尾部各有一块骨片，称前胸背板和尾板（或称臀板）。体表着生有附属物，常见有刚毛。刚毛基部骨化区域称毛片，多毛的瘤状突起叫毛瘤，坚硬不能活动的叫刺。完全变态昆虫最常见的有下述类型。

1. 无足型

幼虫的胸足、腹足全部退化，如蝇、蜂类幼虫。

2. 寡足型

幼虫只有 3 对胸足，没有腹足，如甲虫的幼虫大多数属于这一类。

3. 多足型

特点是虫体分段，分节明显。幼虫除有 3 对胸足外，还有 2～8 对腹足，如蛾、蝶及叶蜂幼虫等。

多足型幼虫腹足通常5对，生于第3~6节和10节，也有增多或减少的。腹足筒形，末端生有许多细小的钩，叫作趾钩。

幼虫体表还有很多纵的、横的斜形线。位于虫体背面的称背中线，在其两侧的称亚背线，位于气门上方的纵线称气门上线，通过气门的线称气门线，位于气门线下方的称气门下线，气门线下方的线称基线，腹部中央的纵线称为腹中线，腹中线与基线之间的称上腹线。

（四）蛹

蛹态是全变态昆虫特有的发育阶段。蛹虽不食不动，但其体内进行着剧烈的生理变化。通常分三个类型。

1. 被蛹

翅、胸足等附属器紧贴于蛹体表面，不能活动，如卷叶蛾、凤蝶的蛹。

2. 离蛹

又称裸蛹，触角、足和翅等附属器可以活动，如天牛的蛹。

3. 围蛹

部分双翅目幼虫在化蛹时，最后一龄幼虫的表皮没有脱去，形成角质化的坚硬外壳，实际里面仍是一个离蛹，例如果实蝇的蛹。

二、昆虫的生活史和变态

昆虫大部分是卵生的。由卵开始发育，到成虫能繁殖后代，叫作一个世代。一种昆虫在一年中完成一个世代的叫作一年一代，如星天牛；一年中完成三个世代的叫作一年三代，如柑橘粉虱；一年中发生多代的，在同一时间中，有两个世代的同一虫态混合发生的，叫“世代重叠”，如柑橘红蜘蛛等；也有2~3年完成一代的，如橘褐天牛。一种昆虫在它整个一生中的发生经过情况，称生活史。

（一）昆虫的生活史

昆虫的一生，从成虫产卵到卵孵化为幼虫所经过的时间叫卵期。幼虫咬破卵壳从卵中爬出来叫作孵化，孵化出的幼虫叫作第一龄幼虫，经过一次蜕皮叫作二龄幼虫，叫作龄期。末龄幼虫到停止生长、不再取食叫作老熟幼虫或称末龄幼虫。老熟幼虫蜕皮变蛹叫作化蛹。从初孵幼虫到化蛹时，这段时间叫作幼虫期。不完全变态的幼虫最后一次蜕皮，或完全变态的蛹破壳而出变为成虫称为羽化。从化蛹到羽化成虫，这段时间叫作蛹期。成虫羽化后到死亡这段时间叫作成虫期。

（二）昆虫的变态

昆虫一生，个体发育在形态上的变化，主要分两类。

1. 不完全变态

昆虫一生只经过卵、幼虫（或若虫）、成虫三个发育阶段，也就是说在其个体发育过程中，幼虫直接羽化为成虫，没有蛹态的出现。这类变态的幼虫叫作若虫。若虫和成虫在形态、生活习性方面基本相同；不同的是若虫的翅没有长好，生殖器官没有成熟。如蚱蝉、蚜虫、蝽象等。

2. 完全变态

昆虫一生中要经过卵、幼虫、蛹和成虫四个发育阶段。幼虫与成虫的形态、生活习性极不相同，老熟幼虫要经过一个蛹期，再羽化为成虫，如吸果夜蛾、果实蝇、象鼻虫等。

三、昆虫的习性

昆虫的种类很多，生活范围极广，习性也各不相同。掌握了这些习性，就可以利用它更有效地消灭害虫，或者更好地保护利用益虫。

（一）食性

各种昆虫都有一定的食物范围，一般分为三类。植食性：以活的植物各个部位为食物，大多数为农林害虫；肉食性：以其他动物为食料，有捕食性的瓢甲、食蚜虻，有寄生在动物体内的寄生蜂、寄生蝇，有寄生在动物外面的虱、蚤等；腐食性：以植物的残余物或动物的尸体或粪便为食物的，如蝇、部分金龟子等。在三种类别中，根据吃食食物种类的多少又可分为三种。

1. 单食性

只以一种植物或动物为食料，如柑橘锈皮虫、溜皮虫只食柑橘，澳洲瓢虫只食吹棉蚧；

2. 寡食性

以少数相近的植物为食料，如袋蛾、刺蛾等，能取食百种以至数百种农林植物。

（二）趋性

昆虫对自然界的刺激物引起的反应，趋向刺激物的活动叫正趋性，避开刺激物的活动叫负趋性。引起昆虫趋、避活动的主要刺激物有光、温度、化学物质。这些趋、避性，防治上是可以利用的。对有趋光性的昆虫，如有的吸果夜蛾、黑蚱蝉和刺蛾等可以点灯诱杀；对糖、化学气味有趋性的大果实蝇，可以用敌百虫糖醋液诱杀。

（三）假死性

象鼻虫、金龟子和蟥象成虫，当受到外界震动后，立即从树上掉落地面不动；正在爬行的小地老虎幼虫，一遇惊动，立即缩成一团。这种现象叫作假死性。可以利用害虫的假死习性，进行人工浦杀。

（四）休眠和滞育

昆虫在其生活年史中，大多有或长或短的生长发育或生殖中止的现象，即滞育和休眠。滞育是由不利的环境条件所引起的生长发育的中止，可以用适宜的条件来防止它的发生，或很快地消除它的继续进行。引起滞育的环境因子主要是温度和湿度。低温常是引起滞育的原因，高温有时也可以造成滞育。有一些昆虫的“夏眠”现象就是由高温引起的滞育。也有很多昆虫常因水分不足而被迫滞育。休眠也是由环境因子引起的，但往往不是不利的环境因子。昆虫一旦进入休眠后，必须经过较长时间的休眠期，并要求一定的刺激因素（主要是低温），再回到合适的任何一个虫期，因虫种不同而异。引起休眠的因子有光照、温度、食料和昆虫体内分泌激素等。对很多昆虫来说，自然光中的短谱光照能引起休眠，而长谱光照则抑制休眠。一般地说，光照对休眠的作用，只有在一定的温度范围内，才能表现出来。高温能抑制休眠，低温能引起休眠。昆虫的休眠和滞育既是昆虫对外界不良环境的抵抗，又是昆虫生活中的薄弱环节。在防治害虫时，我们往往可以加以利用。

第三章 柑橘主要病虫害发生与绿色防控

柑橘是亚热带果树，全世界均有栽培，产量逐年上升，目前已远超过苹果、梨、香蕉等水果的产量。其果实营养丰富，耐贮藏，商品经济价值高。我国柑橘栽培具有悠久的历史，世界上栽培的优良品种大多原产于我国。近年来，随着我国农业结构的调整，柑橘生产得到了迅速的发展，柑橘栽培面积扩大了数倍，出现了许多柑橘生产基地和新的柑橘产区。但是，我国柑橘生产与世界先进国家相比，存在单产低、品质差、供应时间短的差距。造成这种差距的原因很多，但病虫为害和农药使用不当是其中主因。因此，提高我国柑橘的国际竞争力，搞好柑橘病虫害的测报和防治工作，在新时期具有特别重要的意义。

第一节 柑橘病虫害的种类

为害柑橘的病虫害种类繁多，据统计达500余种，其中常见的、危害经济影响较大的害虫有50余种，主要可分为10类。

螨类：以柑橘红蜘蛛、柑橘四斑黄蜘蛛、柑橘锈壁虱和柑橘瘤壁虱为主。柑橘红蜘蛛发生普遍，为害严重，可以引起落叶、枯梢。柑橘黄蜘蛛为害严重时，叶片变形扭曲，亦可引起落叶，枯梢。柑橘锈壁虱几乎对所有的柑橘类均可以为害，因“火烧柑”的形成，而降低果品质量和外销率。

蚧类：柑橘上发生的蚧类种类很多，据统计达 50 种以上，其中以吹绵蚧、红蜡蚧、矢尖蚧、糠片蚧、黑点蚧和褐园蚧等介壳虫影响柑橘生产和果实商品价值最为重要。

粉虱类：我国已知为害柑橘的粉虱有 12 种之多，在所有柑橘害虫中，算得上是一大类群。其中以柑橘黑刺粉虱和柑橘粉虱影响柑橘生产最为严重。

蚜虫类：在柑橘上的有桔蚜和桔二叉蚜，均为害新梢嫩叶，造成叶片皱缩卷曲，同时诱发煤烟病影响树体生长。

蛾类：为害柑橘的主要蛾类，可分为潜叶蛾、卷叶蛾和吸果夜蛾。潜叶蛾以幼虫为害新梢嫩叶，其中以夏梢、秋梢受害最重，春梢受害少，成年树受害轻；卷叶蛾类较多，其中以小黄卷叶蛾，褐带长卷叶蛾发生普遍，为害新梢、嫩叶和幼果，叶片被害后，形成缺刻。幼果被害后，引起大量落果。成熟果被害后，引起腐烂脱落；吸果夜蛾为山区和近山区果树一大难题，种类较多，我国已知的有 46 种（也为害其他果树的果实）。柑橘早熟品种受害重，晚熟品种受害略轻，果实受害后腐烂脱落。

天牛类：我国记录为害柑橘的天牛有 20 余种，其中分布较广，为害较严重的有星天牛、褐天牛、光盾绿天牛。其幼虫蛀害柑橘主干、主枝和根部，造成许多纵横交错的隧道，加上一些其他害虫或腐生性昆虫的乘虚而入以及菌类寄生，致树衰或整树或整枝枯死，或易被风吹折，是柑橘树干最主要的一类害虫。

吉丁虫类：为害柑橘类的吉丁虫，在国内已发现4种。有柑橘吉丁虫、溜皮虫、六点吉丁虫和四斑吉丁虫。吉丁虫成虫食叶（特别是嫩叶）成缺刻，幼虫蛀食枝、干，均在皮下蛀食，破坏韧皮部，使养分输送困难，最后使整株枯死。

蝽象类：在我国的柑橘树上为害的有3种，即长吻蝽、桔蝽和麻皮蝽。以成虫和若虫用针状口器插入果实内吸食汁液，被害果实往往因此来不及成长就脱落，不落者则多为果小或呈畸形，致果品质量恶劣，产量锐减。

叶甲类：在国内已知为害较普遍的有4种，恶性叶甲、桔潜叶甲、柑橘花叶甲和橘叶甲。幼虫食害嫩梢、嫩叶，以其粪便及分泌物污染嫩叶，使叶焦黑而脱落。成虫为害嫩叶、嫩茎、花和幼果，影响产量很大。此类害虫的分布有一定的局限性，而且仅为害柑橘类植物。

实蝇类和瘿蚊类：均属双翅目害虫，前者为实蝇科，后者为瘿蚊科。柑橘实蝇类，在国内已知有：蜜橘大实蝇、橘大实蝇和柑橘小实蝇。国内列为检疫性害虫，幼虫蛀食瓤瓣；为害柑橘的瘿蚊有柑橘花蕾蛆和桔实雷瘿蚊。花蕾蛆为害花蕾，发生较为普遍。桔实雷瘿蚊在四川的浦江等柑橘产区为严重，以幼虫蛀食果实白皮层。

其他害虫：柑橘木虱主要为害新梢、新芽，是嫩梢期的一种重要害虫，且是柑橘黄龙病的传播媒介，还能诱发煤烟病的发生；地下害虫（蛴螬，蟋蟀和蝼蛄）在苗圃内为害也较严重；黑蚱蝉2006年在一些地区的柑橘等果树的受害枝率达20%以上；有些柑橘产区，由于蓑蛾和刺蛾的发生，也造成局部的危害。另外，有些柑橘园在梅雨季节，因湿度大，柑橘苗遭受蜗牛和蛞蝓的为害也很严重。

为害柑橘的病害，按病因可分为两大类：即侵染性病害和非侵染病害（又称生理性病害）。前者由病原物引起；后者由不良的外界环境条件引起。

为害柑橘的侵染病害：病毒类主要有黄龙病、裂皮病、衰退病和碎叶病等；细菌类主要有柑橘溃疡病；真菌类主要有柑橘炭疽病、疮痂病、脚腐病、树脂病、柠檬流胶病、柑橘黑星病、柑橘白粉病、柑橘黄斑病、柑橘煤烟病、膏药病、柑橘地衣病、柑橘苗期立枯病，柑橘贮藏病害（青霉病、绿霉病、黑色蒂腐病、褐色蒂腐病、黑腐病、酸腐病、疫菌褐腐病）；柑橘根线虫病、柑橘根结线虫病。柑橘非侵染性病害，有柑橘裂果病、柑橘果实日灼病、柑橘缺铁病、缺锌病、缺锰病、缺镁病、缺铜病、柑橘油斑病，和贮藏病害（干疤病、窝心病）。

第二节　柑橘主要病害发生与为害

一、柑橘裂皮病

（一）为害状

柑橘裂皮病可侵染柑橘类的许多种和品种，一般带病苗木定植3~5年后，砧木外皮纵向开裂，有的翘裂呈鸡爪状或细条状，须根很少。树冠生长受抑制，新梢少而弱，叶片变小，有的叶片叶脉附近绿色而叶肉黄化，类似缺锌症状。部分小枝枯死。病株开花多而且落花落果严重。有的病株只表现裂皮而树冠并不显著矮化，有的病株树冠矮化但无明显的裂皮症状。有的病株病斑发展缓慢，几年之内仅限于砧木的一部分；有的病株病斑发展却很迅速，很快遍及整个砧木。病株很少死亡，但因其结果少，单果重降低，产量锐减而失去经济价值。

（二）病原及发生规律

柑橘裂皮病的病原属类病毒，它没有蛋白外壳，以游离的低分子量的RNA形式存在于寄主组织细胞中，对各种化学和物理因子的作用有较高的稳定性。

该病随苗木和接穗传播，并可通过嫁接、受病原污染的工具、菟丝子等寄主物、机械接种等方式传病。种子不传病。至今仍未发现媒介昆虫，蚜虫、叶蝉、木虱、粉虱均不能传播此病。病株和隐症带毒株是本病的侵染源。寄主的感病性是决定病害发生的主要因素。枳、枳橙、兰普来橙和其他一些柠檬及香橼等感病后，表现明显的症状；甜橙、宽皮橙和酸橙等感病后，不显病状，成为隐症带毒植株。

二、柑橘黄龙病

近年调查发现，攀西的局部地区有黄龙病发生。植株受害后，树势衰退，产量锐减。

（一）为害状

开始发病时，在正常绿色的树冠上，有部分新梢叶片黄化，形成显眼的“黄稍”。

一般春梢叶片在转绿后，夏、秋梢叶片在转绿过程中表现黄化。特征性病状是从叶片主脉和侧脉附近、叶片基部和边缘开始黄化，黄化部分逐渐扩展形成黄绿相间的斑驳，后来可以全叶均匀黄化。亦有在叶片转绿过程中停止转绿而全叶均匀黄化。病叶变厚、革质，容易脱落；落叶枝容易枯死。

病枝上抽生的新梢生长弱。除上述特征性病状外，有的叶片表现叶脉附近绿色而叶肉黄化，类似缺锌、锰症状。病枝开花早、花多。果实生长不良，容易脱落；有的品种果实畸形。

病树极少生长新根，并从旧根开始腐烂。

（二）病原及发生规律

黄龙病已确诊为细菌性病害，病原为韧皮部杆菌。病原通过接穗、苗木和昆虫（柑橘木虱）传播。

栽培品种中，蕉柑、椪柑和茶枝柑的耐病力弱，甜橙和温州蜜柑病树在良好的土、肥、水条件下，可以保持一定的结果能力。

三、柑橘溃疡病

（一）为害状

1. 叶片症状

初在叶背出现黄色或暗黄色针头大小的油渍状斑点，后逐渐扩大，同时叶片正、反两面均隆起，成为近圆形米黄色木栓质病斑，后期病斑中央部分下陷开裂如火山口状，多个病斑相连形成不规则的大病斑。病健组织交界处有一圈褐色釉光边缘，最外围有黄绿色晕圈。

2. 枝梢症状

病斑特征与叶上相似，比叶上病斑更为隆起，病斑中心也呈火山口状开裂，但无黄色晕环。严重时叶片脱落，枝梢枯死。以夏稍发病最重。

3. 果实症状

病斑也与叶上相似，但病斑较大，一般直径 4 ~ 5mm，最大可达 12mm，木栓化程度比叶部更坚实，病斑火山口开裂也更为明显。病斑周围亦有褐色釉光边缘。病斑仅限于果皮上，严重时引起早期落果。

（二）病原及发生规律

柑橘溃疡病菌是一种细菌。病菌潜伏在病叶、病梢和病果内越冬，尤以秋梢上的病斑为其主要越冬场所。第二年春，在适宜条件下，病部溢出菌脓借风雨、昆虫和树枝接触传播至嫩梢、嫩叶和幼果上，保持20分钟左右水膜层后，病菌才从气孔、皮孔或伤口侵入幼嫩组织。一般经3～10天潜育后开始发病。还有潜伏浸染现象，有的秋梢被侵染后，到次年春季才显现症状。

高温多雨季节有利于病菌的繁殖和传播。一般在25℃～30℃条件下，雨量和雨日与病害发生成正相关。嫩梢组织只有在高温多雨时才易受到感染。雨水是病菌传播的主要媒介。病菌侵入需要组织表面有20分钟以上水膜，故一般干旱季节，病害不发生或很少发生。

寄主感病期即嫩梢期生长状况与病菌侵入密切相关。该病菌只能在幼嫩组织的一定发育阶段侵入，一般嫩梢叶在萌发后20～60天和幼果在落花后35～80天时，最有利于病菌侵入。反之，过早或过迟，病菌都不能侵入。一般苗木、幼树抽梢次数多，发病较重，幼树夏稍因抽梢重叠不齐，提供病菌侵入的机会多，若遇高温多雨季节，发病最重。老树因夏稍少、春梢抽发早而齐，故发病轻。此外，栽培管理不当，如品种混栽、偏施氮肥，潜叶蛾危害重、伤口多，均对发病有利。

四、柑橘炭疽病

（一）为害状

柑橘炭疽病又称爆皮病，是四川柑橘产区发生普遍和危害较重的病害。发病后可引起落叶、落果，枝梢枯死，树皮爆裂，树势衰退，严重时全株枯死。柑橘果实接近成熟期危害果梗，引起蒂枯果落；贮运期还会引起果实大量腐烂。由于病原及危害部位不同，症状多种多样。

1. 叶片症状

（1）普通型。病斑多发生在成长叶或老叶的叶缘，呈半圆形或近半圆形，或不规则形，稍凹陷，中央浅灰褐色或灰白色，边缘褐色或深褐色，病健组织分界明显。干燥时病斑中部干枯并出现黑色小粒点；多雨高湿条件下，病斑上则出现肉红色黏质小液点。

（2）落叶型（枯斑型）。病斑多从叶尖处开始，少数从叶缘一侧开始发病，初呈暗绿色像热水烫小斑，后迅速向叶基方向扩展成黄褐色的大叶斑，边缘不清晰，似云纹状近圆形或不规则形，上生大量朱红色带黏性小液点，病叶很快脱落。

（3）次生型。初在叶片两侧脉与主脉间朝叶缘方向形成棱角状的褪绿斑，初呈水渍状或半透明状，稍显皱状纹，后期叶片褪绿斑内枯焦。

2. 枝梢症状

一种发生在枝梢中部，多从叶柄基部腋芽处或受伤皮层处开始发病。初为淡褐色椭圆形，后扩展出长棱形，稍下陷。当病斑扩展到环绕枝梢一周时，病稍由上而下枯死。3 年生以上枝条的病斑因皮色较深，病部不易观察清楚。如剥开皮层，可见到皮层枯死和病部扩展范围。病枝上的叶片往往卷缩干枯，经久不落。如病斑较小或扩展较慢，随枝条的生长，病斑周围形成愈伤组织，病皮干枯脱落，病部形成大小不等的菱形或长条形病疤。另一种是由梢顶向下枯死，多发生在受冻害后的秋梢上。枯死部位呈灰白色，上有许多黑色小粒点，病健部位分界明显。

3. 苗木症状

常从幼苗嫩梢顶部第一、二片叶开始，如烫伤状，后渐向下扩展，最后嫩梢变黑枯死。有的苗木在离地面 6 ~ 10cm 处或嫁接口处开始发病，病斑深褐色，不规则，严重时可引起上部枝梢枯死。

4. 大枝及主干症状

病斑多为长棱形或长椭圆形，少数呈条状或其他形状，病斑长短从 1～3cm 至 1～2cm 不等。病斑边缘较整齐，周围产生愈伤组织。病部坏死干枯后，皮层爆翘脱落，呈“爆皮”状。也有的病部干枯后，病皮紧帖木质部，与健皮交界处有裂缝。病斑环绕主干或大枝时，全树或大枝死亡。

5. 花、果症状

雌蕊首先受害，呈褐色腐烂而引起落花。幼果发病初为暗绿色油渍状不规则病斑，后扩至全果。潮湿时病果出现白霉层及淡红色小粒点，腐烂后失水缩成僵果，不易脱落。成果受害，有仅在果皮上形成黄褐色至深褐色革质化微下陷的干疤状；有在果皮外表形成红褐色或暗褐色条点状微凸的“泪痕”型；还有引起果实腐烂的腐烂型。腐烂型发生在果园或贮藏期高湿的果实上，多从蒂部或近蒂部开始发病。初为淡褐色水渍状，后变褐色腐烂，囊瓤也变褐色或黑色腐烂。烂果脱落或成僵果挂于树上，湿度大时病部表面产生由白而灰绿色的菌丝和黑色小粒点或朱红色小液点。

（二）病原及发生规律

柑橘炭疽病病原菌属半知菌亚门的一种真菌。该病主要以菌丝和分生孢子在病枝、病叶和病果上越冬。第二年春季当温、湿度适宜（21℃～28℃、多雨）时，病菌借风雨或昆虫传播，引起发病。春季发病叶片和枝梢上可持续不断地产生大量分生孢子，是后期再侵染和次年初侵染的主要来源。病菌还具潜伏浸染特性。该病在夏秋高温多雨或冬季冻害较重，早春低温、土壤质地黏重，土层浅薄、有机质含量低，地下水位高，排水不良等不利的环境条件，引起植株生理不适应时，就发生多、为害重。施肥水平低，偏施氮肥以及病虫严重导致树势衰弱，都可能引致该病大发生。

五、柑橘疮痂病

（一）为害状

疮痂病为害柑橘叶、新梢、花器和果实等。

1. 叶片症状

叶片受害，初期产生油渍状黄褐色圆形小斑点，逐渐扩大后，颜色变为蜡黄色。其后，病斑木栓化隆起，多向叶片背面凸起而叶面凹陷，成瘤状或圆锥状的疮痂，形似漏斗。早期受害严重的叶片，常焦枯脱落。天气潮湿时病斑顶部有一层粉红色霉状物，即分生孢子盘。很多病斑愈合一起时，会使叶片畸形扭曲。

2. 新梢症状

新梢受害后的病斑症状与叶片相似，但突起不如叶片明显，枝梢变短小，扭曲。

3. 花瓣症状

花瓣受害后很快凋萎。

4. 果实症状

果实受害常呈散生或密集突起病斑。幼果在谢花后不久即可感病。初期产生褐色小斑，以后扩大成为黄褐色圆锥状，木栓化的瘤状突起，引起早期落果。受害较迟的果实多数发育不良，果皮粗糙、果小、皮厚、味酸、汁少或成为畸形果。

（二）病原及发生规律

柑橘疮痂病病菌为真菌无性阶段属半知菌亚门。有性阶段属子囊菌亚门，国内尚未发现。分生孢子盘初为散生或多数聚生于寄主表皮层上，近圆形，后突破表皮外露。分生孢子梗密集排列，圆柱状，顶端尖或钝圆，无色或淡灰色，单孢偶生

1 ~2 隔膜；分孢子单生，单孢，无色，长椭圆形或卵圆形，两端各有一个油球。

病菌以菌丝体在病组织内越冬，翌年当气温升至 15℃以上时，旧病斑上的越冬菌丝体开始活动，产生分生孢子，借风雨传播，侵害新梢和嫩叶。病菌侵入寄主约经 10 天左右，病部即可产生分生孢子，进行再侵染。花瓣脱落后，病菌侵害幼果。夏、秋抽发期又为害新梢和嫩叶，最后又以菌丝体在病部越冬。一年中以春梢受害最重，其次是秋梢，有的年份夏梢也受其害。

柑橘疮痂病的发生为害与环境条件密切。该病的温度范围为 15℃ ~24℃，而以 20℃ ~24℃最适宜，气温达 28℃以上就很少发病。凡是春季阴雨连绵的年份或地区，春梢发病就重。早春干旱的年份和地区发病就轻。一年中春梢抽生期的温度完全满足了此病的发育，而温度在春梢抽生期也较多，所以在柑橘树周年生长期中，春梢受害最重，在药剂防治上保护春梢就显得尤为重要。寄主组织老嫩程度也是影响疮痂病发生流行的原因之一。该病菌侵染幼嫩组织，尤其刚抽出尚未展开的嫩叶、嫩梢及刚谢花后的幼果最易感病。随着组织的不断老化，抗病力增强，到叶宽 1.5cm 左右，果实长至核桃大小时就具有抗病能力。组织完全老熟则不感病；树龄和树势与疮痂病发生的关系是：柑橘苗，幼树因抽梢多，抽梢时间长，发病重；成年树次之；15 年以上树龄的柑橘树发病很轻；树势旺，抽梢整齐，肥水足，透气光照好的柑橘园发病轻。反之，则发病重。橘树品种之间与疮痂病的发生为害程度有显著差异，早橘、温州蜜柑、乳橘、朱红橘、福桔类较椪柑、柠檬类，发病重，甜橙类的脐橙和金柑等抗病性极强。

六、柑橘树脂病

（一）为害状

柑橘树脂病可为害柑橘的主干、枝、果和叶片。

1. 主干症状

此病多位于柑橘树主干分叉处和其及以下的主干上，以及经常爆露在阳光下的枝干上。其症状是，病部皮层组织松软，呈灰褐色，并渗出有臭味的褐色黏液，在高温干燥情况下，病部逐渐干枯下陷，后期病斑周缘产生愈伤组织。已死亡的皮层开裂削落，木质部外露，现出四周隆起的病疤。另外一种症状朱红橘等品种上发生，病部皮层红褐色，干枯梢凹陷，微有裂缝，不立即削落，病健部有一条明显的隆起线。在高温条件下，也有流胶现象。

2. 果实症状

主要发生在成熟果实上。果实采收后，特别在贮藏期发生较多。其症状是在蒂部环绕一圈，水渍状病斑，后呈暗褐色，逐渐向脐部扩展，边缘深褐色，波纹状。当果皮变色至 2/3 左右时，果心全部腐烂，瓤瓣间及果皮的白皮层也变腐烂。

3. 叶片症状

主要为害嫩梢、新叶，在病部表面产生黄褐色或黑褐色的硬质小粒点，散生或密集成片，谓之“砂皮”病、“黑点”病。发病早的生长缓滞，发育不良，发病迟的影响不大。

4. 枝条症状

一般衰弱的果枝或受冻害的枝条易受害，开始呈明显的褐色病斑，病健交界处常有小滴树脂渗出。严重时整枝枯死，在枯死枝条表面散生无数黑色细小粒点状的分孢子器。

（二）病原及发生规律

柑橘树脂病病原为真菌，有性阶段属子囊菌亚门，无性阶段属半知菌亚门。分生孢子器在表皮下成球形、椭圆形或不规则形，具瘤状。分生孢子有两种：一种卵形，无色，单孢，含1～4个油球；另一种丝状或钩状，无色，单孢。

子囊壳球形，单生或群生，藏于树皮下黑色的子座中。喙部细长，偶有分枝。子囊无色，无柄，长棍棒状。子囊孢子，无色，双胞，隔膜处细缢，长椭圆形或纺锤形，内含油球4个。

柑橘树脂病主要以无性阶段的菌丝、分生孢子在病树的病部组织内越冬。在枯枝上越冬的分生孢子器为翌年初次侵染的主要菌源。菌丝越冬后，可在病部继续扩大为害，在适温(20℃最适合）高湿条件下，加速生长，形成更多的分生孢子器，溢出大量分生孢子，借风雨、昆虫经伤口等传播。萌发芽管从冻伤口、虫伤口、剪口等处侵入发展成菌丝，并向韧皮部，木质部蔓延，使患部形成流胶或干枯型病斑。柑橘树脂病菌寄生性不很强，必须在柑橘树生长衰弱时或受伤的情况下，才能侵入为害，所以柑橘遭冻害后容易诱发此病猖獗为害。发病后病菌可借分生孢子在柑橘园内反复传播侵染。果实形成离层时，果蒂与果实之间的皮层组织已经分离，而果蒂中部的维管束尚与果实相连，病菌即可由此侵入，或从果柄的剪口处侵入，在贮藏运输期间，在高温高湿条件，致蒂腐严重发生。

柑橘树冬季受冻害严重是诱发树脂病的主导因素。柑橘树普遍受冻害，为病菌侵入创造了有利条件，次年初夏温度上升快，加上多雨，此病大流行。从柑橘生长周年看，5～6月和9～10月，平均气温在18℃～25℃，降雨量充分，阴天多，该病发生重。由于此病是一种弱寄生菌，只能从伤口侵入为害，所以冻害、日灼伤、机械伤和虫伤等是柑橘树脂病流行的先决条件。加上气候条件适宜，雨水又多，各种伤口多，此病一定会严重发生。

七、柑橘煤烟病

（一）为害状

此病主要发生在柑橘叶、果实和枝梢上。开始表面产生褐色霉斑，继而向四周扩展成绒状的黑色煤层，呈煤烟状。霉层易剥离，剥离后的寄主表面仍为绿色。由于煤烟病菌种类不同，煤烟的颜色有浓有淡，剥离有难有易。如煤炱属的霉层为黑色薄纸状。易撕下或自然脱落。刺盾炱属的霉层似锅灰，用手擦之即成片脱落，多发生于叶面。小煤炱属的霉层呈辐射状的小霉斑，多散生于叶正面和叶背，严重时一叶中常有数十个乃至上百个霉斑。发病严重的柑橘园，因霉层覆盖大量枝叶，并分泌毒素使植株中毒，叶片卷曲或脱落，致树衰、花少、果小、品质低劣，且易腐烂。

（二）病原及发生规律

柑橘煤烟病病原菌多达 10 余种，形态各异。其中以柑橘煤炱是一种子囊菌，最为常见。菌丝丝状，外生，暗褐色，分枝繁复，靠蚧类，粉虱类和蚜虫等的分泌物为营养。一种分生孢子由菌丝体缢缩成念球状后分割形成，褐色，表面光滑；另一种长型分生孢子器圆筒形或棍棒形，群生于菌丝丛中，先端尖细，基部膨大，暗褐色。膨大部内生分生孢子，成熟后自先端裂口处散出。这种分生孢于椭圆形或卵圆形，单孢，无色。球形分生孢子器球形或扁球形，埋于菌丝丛中，外形与子囊壳相似。子囊球形或棍球形，内生 8 个子囊孢子，成双行排列。子囊孢子无色，长椭圆形，两端略细，有隔膜 3 个。

本病除小煤炱为纯寄生菌外，其余均为表面附生菌。以菌丝体、分生孢器、子囊壳或分生孢子器在病部越冬。第二年由霉层飞散出孢子，借风雨落于介壳虫、粉虱、蚜虫等昆虫分泌物上，再度引起发病，辗转为害。因此，只要有介壳虫、粉虱和蚜虫等害虫为害的柑橘园，就有煤烟病严重发生。栽培管理差，荫蔽和潮湿的柑橘园，对煤烟病的发生有利。

八、柑橘根线虫病

（一）为害状

为害柑橘根部，被害小根表现较粗短，畸形，易碎裂。因线虫的穿刺，组织坏死呈黑色。严重受害时，可使皮层和中柱分离。根部被害后，地上部的叶片逐渐发黄或呈青铜色，为害严重时叶片脱落，小枝枯萎。前一年为害严重的柑橘树，第二年春梢抽发迟，叶小而薄，转绿缓慢，花和果实也易脱落。有的病树可整株严重落叶，有的病树仅半边或1～2个大枝条严重落叶，表现在“缓慢性衰退”现象，但一般不会导致枯死。结果少或果实没可收。

（二）病原及发生规律

1. 病原

（1）卵和卵囊。雌虫产卵前分泌一种胶状物质，形成卵囊，产卵于卵囊内。卵肾脏形，在卵囊内发育成一龄幼虫。在柑橘根皮栖息的雌虫和所产的卵囊互相融合在一起，形成明显的瘤状物。瘤状物聚焦在一起，常将雌虫完全掩盖住。单个栖息的雌虫，其卵囊和虫体的末端则露于根外。

（2）幼虫。二龄雄幼虫从卵壳中爬出，虫体线状，前端稍钝，末端尖细，排泄孔位于中部或稍后。三龄雄幼虫、四龄雄幼虫具精巢和交接刺，食道渐变细长而退化。

二龄雌幼虫从卵壳爬出后，分散或集中定居于根部皮层细胞内，吻针和食道发育良好，三龄到四龄末期，虫体逐渐短小，出现较长的食道和比较清楚的阴门裂。

（3）成虫。幼虫经过四次脱皮后，变为成虫。雄成虫体形为线形，具精巢一个，直生；交接刺一对，细长呈棒状；无抱片，有引带。雌成虫体形初为线形，后逐渐大成囊状；有两个弯曲的卵巢，位于阴门的前方；尾圆锥形，末端钝圆。雌成虫前端1/3入侵根部皮层内，后端1/3露出根外。

2. 发生规律

病原线虫病以卵和雌虫随病根在土壤中越冬。在适宜的条件下越冬卵孵化为幼虫。幼虫大多数主要侵害新长出3～4星期的小根，有的也能侵害9星期的小根。温度25℃～31℃最适宜柑橘根线虫的生长发育，温度低于15℃和高于35℃不活动，但不死亡。在土壤中的分布深度，以10～30cm深度为最多。柑橘根线虫在潮湿的土壤能够存活31个月之久，但在水中仅存活3个月。土壤中含有10%～15%的黏土，生殖率最高；但土壤中含有50%黏土，生殖率很低。柑橘根线虫的传播方式主要通过感病苗木、钻木和带虫卵的土壤进行转移，雨水、灌溉和农具也能作近距离扩散传播。

九、柑橘脚腐病

（一）为害状

该病主要为害主干，当病部环绕主干时，叶片黄化、枝条干枯，以至植株死亡。病害多从根颈部的树皮开始发病，向下危害根，引起主根、侧根乃至须根腐烂；向上发展可达20cm，使树干基部腐烂。病部树皮变褐腐烂后，有酒腥臭味。病部纵向发展较快，而向左右蔓延较慢，当其横切时全株枯死。病树将死的当年或前一年大量开花结果，但果小，着色早，味酸，易脱落。病部在潮湿时流出褐色胶液，干燥条件下病组织开裂变硬，病健部有一条明显的褐色界线，条件适宜，病部重新扩展为害。

（二）病原及发生规律

该病的病原为真菌。病菌主要通过植株表面的自然孔口（如气孔、皮孔、水孔等）及伤口（虫伤、冻伤、机械伤口等）侵入为害。病害的发生与品种、气候、栽培管理关系密切。甜橙类发病最重，红橘次之，柚类受害最轻。气温 20℃～30℃、相对湿度 85% 以上有利于发病，因而该病常在高温多湿的 4～8 月发生最重。土质黏重、排水不良、粉沙土等土壤干湿变化大、果园郁闭，湿度大以及过多的虫伤、冻伤或农作造成的机械伤口，都易促使该病发生。

第三节　柑橘主要害虫发生与为害

一、柑橘全爪螨

柑橘全爪螨又称柑橘红蜘蛛、瘤皮红蜘蛛。属蛛形纲，蜱螨目，叶螨科。

（一）为害状

为害植物的叶片、绿色枝梢及花和果实，使被害部位呈现许多灰白色小斑点，失去固有的色泽，在春末夏初常造成大量落叶、落花、落果，严重削弱树势与减产。

（二）形态特征

1. 雌成螨

体长 0.2～0.4mm，暗红色，椭圆形。背面及背侧有瘤状突起，上生白色刚毛，故有瘤皮红蜘蛛之称。足 4 对。

2. 雄成螨

体较雌成螨略小，鲜红色，体后区的末端狭，呈楔形。

3. 卵

直径0.13mm，近球形，略扁平。初产时鲜红色，接近孵化时颜色减退。卵上有一垂直的柄，柄端有10～20条细丝，向四周散射伸出，附着于叶面上。

4. 幼螨

体长0.2mm，初孵时淡黄色或黄色。足3对。

5. 若螨

形状近似成螨，个体较小，足4对。在幼螨、前若螨、后若螨蜕皮之前，各有一个不食不动的静止期。

（三）发生规律

柑橘全爪螨一年发生多代，代数因各地温度高低而差异。世代重叠，年均温15℃地区发生12～15代，17℃～18℃地区发生16～17代，20℃以上的地区发生20～24代。主要以卵和成螨在柑橘潜叶蛾危害的僵叶内及叶背越冬，部分在枝条裂缝内越冬，卵量多于螨量。冬季和早春卵多螨少，在一定时间内变为螨多卵少，此时是药剂防治适期。在我省一般一年只有一个盛发期，3－6月盛发，4－5月为盛发高峰期，部分地区9－11月又出现第二盛发期。柑橘全爪螨的发生消长和为害程度受多种环境因素的影响，主要是气候、营养、越冬基数、天敌、栽培和施药等因素。该螨喜温光，一般冬干春旱的年份会大发生，喜在幼嫩组织上生活。

二、柑橘始叶螨

柑橘始叶螨又称柑橘黄蜘蛛、四斑蜘蛛。属蛛形纲、蜱螨目、叶螨科。

（一）为害状

该螨为害柑橘叶、花蕾、果实及嫩梢，以春梢嫩叶受害最重。被害叶片呈黄色斑块，受害处常凹陷畸形，叶片卷曲。凹陷处常有丝网覆盖，成螨常活动和产卵于网下。猖獗年份造成大量落叶、落花和落果，影响树势和产量。

（二）形态特征

1. 成螨

雌成螨体长 0.35～0.42mm，体近梨形，腹部末端宽钝；雄成螨腹部末端尖削，体形小，体色橙黄。越冬成螨颜色较深，体躯多毛，体背有明显的黑褐色斑纹 4 个，足 4 对，头胸部两侧有橘红色眼点 1 对。

2. 卵

球形略扁，光滑，直径 0.12～0.14mm。初产时乳白色，透明，后为橙黄色，近孵化时灰白色，浑浊。卵顶端有 1 根较粗的柄。

3. 幼螨

体近圆形，长约 0.17mm。足 3 对。初孵化时淡黄色，在春秋季节，经 1 天后在雌性背面即可见 4 个黑斑。

4. 若螨

体形与成螨相似，较小。足 4 对。前若螨体色与幼螨相似，后若螨颜色较深。

（三）发生规律

以卵和成螨在柑橘树冠内膛、中下部的叶背越冬。发生代数因各代温度高低而异。年均温 18℃左右的地区，发生 16 代以上；15℃～16℃地区，发生 12～14 代，且世代重叠。主要行两性生殖，也有孤雌生殖现象。卵多产于叶背主脉、支脉两侧。2 月下旬柑橘始叶螨开始活动，3－4 月春梢抽发后即从老叶迁移至春梢新叶为害，4－5 月螨量达到高峰，6 月以后螨量急剧下降，7－8 月螨量少，10 月以后再次出现螨量小高峰。

该螨喜荫蔽环境，多在树冠内部和中下部生活，只在叶背为害。冬干春旱和冬春气温偏高的年份常大发生。生长衰弱管理差的成年园为害重。

三、柑橘锈壁虱

柑橘锈壁虱又称柑橘刺叶瘿螨、锈螨、牛皮柑、黑炭丸、铜病等。属蜱螨目、瘿螨科。

（一）为害状

柑橘锈壁虱以口器刺入柑橘组织吸食汁液，叶片、枝条、果实被害后，油细胞破裂芳香油溢出，经空气氧化使叶背和果皮变成污黑色；严重时当年生春梢叶大量脱落，果皮变黑褐色，果小、皮厚、味酸，品质低劣。

（二）形态特征

1. 成螨

体长0.1～0.2mm，楔形或胡萝卜形，黄色或橙黄色，头小，向前方伸出，具螯肢和须肢各1对。头胸部背面平滑，足2对。腹部有许多环纹，背面环纹为28个，腹面环纹为背面的2倍，腹末具伪足1对。

2. 卵

圆球形，表面光滑，灰白色透明。

3. 若螨

形似成螨，较小。腹部光滑，环纹不明显，尾端尖细，具足2对。

（三）发生规律

以成螨在柑橘的腋芽、卷叶（潜叶蛾为害的僵叶）、果实（过冬的夏橙、柠檬）的萼片下越冬，越冬死亡率高。发生代数随地区及气候不同而异，四川一般为18～20代。行孤雌生殖，没有发现有雄螨存在。当日温达15℃以上时便可爬出活动取食，5～6月蔓延至果面上，6月下旬起繁殖迅速，7～10月为发生盛期，8月以后转移到当年生秋梢叶上为害，到11月中、下旬仍可见到在叶上和果实上取食。长期干旱后降雨湿度增加，虫口剧增，常暴发成灾。冬季温暖，越冬成活率高；土壤瘠薄，植株衰弱；果园常喷波尔多液等含铜、锌、锰、硫的杀菌剂与溴氰菊酯、氯氰菊酯等杀虫剂，杀灭了大量天敌，容易导致该螨大发生。

四、矢尖蚧

矢尖蚧又名箭头介壳虫、白厌。属同翅目、盾蚧科。

（一）为害状

常寄生于枝梢、叶及果实上，被害处的四周变成黄绿色，严重时叶片卷曲枯焦，枝条枯死，甚至引起植株死亡，影响柑橘产量和果品质量。

（二）形态特征

1. 成虫

雌成虫介壳细长，长2～3.5mm。紫褐色，周围有白边，前端尖，后端宽，中央有1条纵脊，蜕皮位于前端。雄成虫介壳白色，蜡质长形，长1.3～1.6mm，两侧平行，壳背有3条纵脊。

2. 卵

椭圆形，长约0.2mm，橙黄色。

3. 若虫

第一龄为草鞋形，橙黄色，触角及足均发达，尾端有1对长毛；第二龄为扁椭圆形，淡橙黄色或淡黄色，触角及足均消失。

4. 蛹

长约1.4mm，长形，橙黄色，尾节的交尾器突出。

(三) 发生规律

主要以受精雌成虫和少部分二龄若虫越冬。在四川一年发生2~3代，世代重叠，行两性生殖。一、二、三代若虫盛发期分别在5月、7月中旬和9月出现，成虫分别在3月下旬、6月下旬和9月上旬盛发。雄若虫多群集在叶背和果实背阴面为害，数量常比雌虫多2~3倍。一代若虫多为害老叶，二、三代若虫为害新梢、幼果。被风吹落的有虫叶片是果园内矢尖蚧传播的主要途径，枝叶果的相互接触和带虫苗木、果实、接穗也是传播途径之一。

五、网纹绵蚧

网纹绵蚧又称多角绵蚧，属同翅目、绵蚧科。

(一) 为害状

若虫、成虫均能吸食柑橘的嫩枝、叶片及果梗等部位的汁液，使树势生长不良，并能诱发煤烟病，影响果实品质。

(二) 形态特征

1. 雌成虫

长椭圆形，背部中央隆起呈灰黑色，体背布满透明或白色蜡质物，白色的蜡质卵囊由虫体腹下向后延伸。虫体两侧亦分泌有蜡质绵状物，在接近前端的左右两边，各伸出几条蜡质绵状物。

2. 卵

淡黄绿色，长椭圆形。

3. 若虫

初孵化时为长椭圆形，淡黄绿色，背面中央纵纹为淡黄褐色。二龄若虫初期无色透明，以后背面中央纵纹变成灰黑色。

(三) 发生规律

网纹绵蚧一般一年发生第2代，在南充一年发生2~3代，世代重叠，以2~3龄若虫越冬。越冬代雌虫在4月下旬开始产卵，5月上旬为盛期，5月中旬为末期。第1代若虫孵化期为5月中旬至6月上旬；第1代雌成虫产卵期为8月上旬至9月上旬；第2代若虫孵化期为8月中旬至9月下旬。雌虫在整个生育期均能排泄蜜露，所以煤烟病严重。

六、柑橘粉虱

柑橘粉虱，又名橘黄粉虱，白粉虱。

(一) 为害状

成虫、幼虫聚集在春、夏梢嫩叶背面吸汁为害，使被害叶片褪绿、变黄，严重的造成叶片畸形和落叶，引起枯梢，分泌排泄的蜜露易诱发煤烟病。

(二) 形态特征

1. 成虫

体长1.0~1.5mm，翅被白色蜡粉，触角7节，体黄色。

2. 蛹

蛹与第4龄幼虫基本一致，但背盘区稍隆起，且表面比较平滑，体色由淡黄绿色进而变为浅黄褐色，羽化前数天出现明显的红褐色眼点。

3. 幼虫

4个龄期，有半透明的蜡质物被盖。

4. 卵

长0.2~0.3mm，椭圆球形，淡黄色。

（三）发生规律

柑橘粉虱一年发生4代，发生期不整齐，世代重叠。主要以大龄若虫和蛹在秋梢叶背越冬。

成虫多在白天羽化，以上午9时左右最多。成虫羽化时，蛹壳前部翅芽两侧呈“S”形裂缝，虫体缓慢爬出，蛹壳留在叶片背面，刚羽化的成虫翅未完全展开，先在叶背静伏0.5～1小时，再展翅。群集于新梢叶片背面，飞翔力不强，遇有惊动仅围绕树冠做短距离、短时间飞行；晚间静伏叶背面，无趋光性，有趋黄性。成虫羽化不久即能交尾，可多次交尾，每次交配时间持续较短。卵多产于树冠下部和荫蔽出的嫩叶背面，以柑橘潜叶蛾为害叶片上最多，叶正面，老叶上很少产卵，卵粒间布有白粉。成虫寿命2～3天，每雌虫能产卵一般10～25粒。卵的孵化率一般大于95%以上，以上午8～10时孵化数量最多。

幼虫近孵化时，体色变暗，同时翌立，卵的前端出现眼点。孵化后能做短距离爬行，1～2天后开始固定生活，以口器插入叶片组织内取食。幼虫蜕皮2次，蜕皮时，将皮往上推而留于体背上，1～2龄固定生活，每次蜕皮后稍有活动，然后又重新固定取食，三龄幼虫后期在体内蜕皮成拟蛹，三龄幼虫蜕皮壳硬化即为蛹壳。蛹壳是鉴定粉虱种类方法之一。幼虫期15～20天，越冬老熟幼虫多分布在成年树冠的中、下层，幼树则全株均可分布。

七、黑刺粉虱

黑刺粉虱又称橘刺粉虱，属同翅目，粉虱科。

（一）为害状

以幼虫群集叶背面，吮吸汁液，被害处形成黄斑并分泌蜜露，诱致煤烟病，使枝叶变黑枯死，严重地影响柑橘生长以及产量，并导致黑刺粉虱猖獗成灾。

（二）形态特征

1. 成虫

橙黄色，敷白粉，前翅灰褐色，有 6 个不规则的白斑。后翅较小，淡紫褐色，体长 0.96 ~ 1.3mm。雄虫体较小，腹部末端有攫握器。

2. 蛹

长椭圆形，黑色，有光泽。雌蛹壳长 0.98 ~ 1.23mm，宽 0.68 ~ 0.89mm。雄蛹壳较小。蛹壳边缘锯齿状，壳背显著隆起，亚缘区和背盘区无分界线，但有多数小孔排列成圈。背盘区胸部有刺 9 对，腹部有 10 对。亚缘区雌蛹有刺 11 对，雄蛹 10 对。管状孔显著隆起，心脏形，孔瓣亦心脏形。舌片长形，完全被淹覆于孔瓣下。

3. 幼虫

共 3 龄，初孵幼虫淡黄色，扁平长圆形，以后变成黑色，周围分泌一圈白色蜡质物。1 龄幼虫体长 0.27 ~ 0.3mm，2 龄幼虫体长 0.39 ~ 0.43mm。3 龄幼虫体长雌性 0.64 ~ 0.73mm，附着在叶片上，形如香蕉。

4. 卵

长椭圆形，弯曲，黄色，长 0.98mm 左右，由一短柄直立。

（三）发生规律

黑刺粉虱在四川一年发 4 ~ 5 代，以 2、3 龄若虫在叶背面越冬。从 3 月下旬到 11 月在柑橘园内可见各虫态，世代极不整齐。成虫喜欢荫蔽的环境，常在树冠内膛幼嫩的枝叶上活动，交尾产卵。每雌可产卵数十粒至百余粒，卵多产在叶背，散产或密集呈圆弧形，一般数粒至数十粒在一起，有时在一片叶上有数百粒卵。卵粒虽小，但用肉眼（还可借助于10倍扩大镜）可以看得见，卵的孵化率很高，可达80%以上。初孵化幼虫常在卵壳上停留1～2分钟，然后开始游荡活动。但爬行不远，多在卵壳附近吸食，蜕皮后的皮留在体背上，一生共蜕皮3次。2～3龄若虫固定寄生，严重发生时，常可布满整个叶背面，随着排泄物的增加，导致煤烟病的发生。

在四川黑刺粉虱各代发生时间和历期是：第一代于4月中旬到6月中旬，历时53天左右；第二代于6月中旬到7月上旬，历时46天左右；第三代于8月中旬至9月下旬，历时34天左右；第四代于9月上旬到10月下旬，历时54天左右；第五代于9月下旬到翌年4月中旬，历时208天左右。故有世代重叠。各世代发生时间和发历期也只能大致这样划分。

黑刺粉虱天敌种类及数量均比较多，如寄生蜂、寄生菌、瓢虫、草蛉等均极常见。如红点唇瓢虫，黄色跳小蜂，刺粉虱黑蜂，斯氏寡节小蜂。这三种寄生蜂寄生在黑刺粉虱1、2龄幼虫体内，寄生率都比较高，是控制黑刺粉虱的有效天敌。

八、柑橘潜叶蛾

柑橘潜叶蛾又称鬼画符、绘图虫。属鳞翅目、桔潜蛾科。

（一）为害状

以幼虫在柑橘嫩茎、嫩叶及果实表皮下钻蛀为害，形成银白色的弯曲隧道。受害叶片卷缩或变硬，易于脱落，使新梢生长不实，影响树势及第二年开花结果。

（二）形态特征

1. 成虫

体长仅2mm，翅展5.3mm。体及前翅均银白色。前翅披针形，翅基部有两条褐色纵纹，约为翅长的一半。翅中部又具2条黑纹，形成开口的“Y”字纹；翅尖缘毛形成一个黑色圆斑，内有一较小白斑。后翅银白色，针叶形，缘毛极长。

2. 卵

椭圆形，长0.3~0.6mm，白色透明。

3. 幼虫

体黄绿色，初孵时体长0.5mm。胸部第1~2节膨大近方形，尾端尖细，足退化。成熟幼虫体扁平，纺锤形，长约4mm。头部尖，胸腹部每节背面在背中线两侧有4个排列整齐的凹孔。

4. 蛹

纺锤形，初化蛹时淡黄色，后渐变黄褐色。腹部可见7节，第1~6节两侧各有瘤状突，各生刚毛1根；末节后缘每侧有明显肉质刺1个。

（三）发生规律

潜叶蛾主要以蛹和老熟幼虫在苗圃晚秋梢或冬梢嫩叶表皮下或茧里越冬，卵不能越冬。在四川一年发生9~10代。卵期短暂，孵化后幼虫潜入叶、果表皮下面取食。高龄幼虫通常在叶缘附近将叶卷起包围身体，并吐丝结茧化蛹。在我省第4~6代虫量多，5月初开始发生，6月为害轻，秋梢受害重，尤以晚秋梢受害最重。柑橘嫩梢抽发期施肥过多，特别是氮肥过多，叶片嫩绿，有利于潜叶蛾大发生。

九、柑橘花蕾蛆

柑橘花蕾蛆又称柑橘瘿蝇、柑蕾瘿蝇、花蛆、花包虫、灯笼花等。属双翅目，瘿蚊科。

（一）为害状

成虫在花蕾上产卵，幼虫孵化后为害花器，使花蕾变形变色，不能开花结实。

（二）形态特征

1. 成虫

形似小蚊，雌成虫体长1.9～2.8mm，暗褐色，被有细毛。雄成虫体长1.2～1.5mm，灰黄色，触角除基部外，各节呈哑铃状。

2. 卵

无色透明，长椭圆形，长0.6mm，卵外包有一层胶质，胶质在卵的末端引伸成1条线。

3. 幼虫

共3龄，1龄幼虫无色透明，腹部末端圆钝，体长0.25～0.27mm。2龄幼虫仍透明，腹部末端左右各有3个很小的刺，排列成三角形，体长1.6mm。3龄幼虫乳白色，长纺锤形，在前胸腹面有1褐色“Y”状骨片，体长2.8mm。

4. 蛹

初期乳白色，将羽化时复眼和翅黑褐色，体长1.8～2mm。

（三）发生规律

花蕾蛆一年发生1代。以老熟幼虫结茧在土中越冬，翌年幼虫于4月上、中旬盛发，成虫羽化后1～2天交尾产卵，卵期3～4天。幼虫3龄。当花蕾露白时，成虫产卵于花蕾内。幼虫在花蕾中为害10天左右即生长成熟，4月中、下旬第3龄幼虫开始脱蕾入土休眠，一直到次年春季3月中、下旬化蛹。蛹期8～10天，柑橘现蕾时陆续羽化。

十、柑橘大实蝇

柑橘大实蝇俗称柑蛆，被害果称“蛆柑”，是国内外检疫对象。属双翅目，实蝇科。

（一）为害状

以幼虫蛀食柑橘果实的囊瓤和囊壁，使被害果未熟先黄，内部腐烂，早期脱落，不能食用。

（二）形态特征

1. 成虫

体长 10～13.2mm，黄褐色。复眼绿色，中胸背面中央有深褐色“人”字形斑纹，腹部中央有 1 条黑色直纹，与第 3 腹节前缘的黑色横纹交叉成明显的“十”字纹。

2. 卵

乳白色，长椭圆形，长 1.2～1.5mm。一端稍尖，中央弯曲。近孵化时，两端透明。

3. 幼虫

乳白色，老熟时体长 15～18mm，头小尾大成蛆状，由 11 节组成。口器黑色，常缩于前胸内。

4. 蛹

体长 8.5～11mm。肥而短，近纺锤形，淡黄褐色，近羽化时变黑色。

（三）发生规律

一年发生 1 代，以蛹在树干下土中越冬。一般在次年 4 月下旬至 6 月上旬先后羽化为成虫。成虫先在荫蔽林丛中取食蚜虫、蚧类分泌的蜜露或植物蜜汁。约 6 月上旬才飞上柑橘树，在果实上产卵，6 月中旬至 7 月上旬为产卵盛期，卵在果实内孵化。幼虫一直在果内为害至老熟，随被害落果落地出果入土化蛹。土壤含水量对蛹的存活、羽化都有影响，春旱年份发生轻。

柑橘大实蝇远距离传播主要是虫害果的人为携带，或随水流传至下游地区。越冬蛹也可随带土苗木传至外地。成虫远距离飞翔也是传播途径之一。

第四节　柑橘主要病虫害绿色防控技术

柑橘树主要病虫害的防控对策，应基于国家农产品安全发展战略、国家农药零增长目标和国家药肥“双减”计划，围绕有效防治柑橘主要病虫害发生和为害，减少果品损失，降低农药残留风险，确保果品安全，最终实现果品优质、产品效益最大化的目标。为此，笔者根据多年来从事柑橘树主要病虫害防控的研究成果和实践经验，我省柑橘树主要病虫害的防控对策关键应在“替”字上做好文章，即“绿色防控替代化学防治”“以专业化统防统治替代分户防治”“以高效低毒低残留农药替代高毒高残留农药”和“现代高效植保机械替代传统低效药械”。归结起来就是“植物检疫为前提，冬春季清园为基础，三诱物理技术为手段，以螨治螨生物防控为重点，科学用药为保障”的防控对策。

一、植物检疫

柑橘黄龙病和溃疡病是我国在柑橘作物上的检疫对象，俗称柑橘树的“癌症”。特别是近年来，由于柑橘黄龙病在江西、广西、广东和湖南等柑橘产区严重发生和为害，导致大量砍树，甚至毁园，损失巨大。为此，新定植的橘园在引进柑橘苗和嫁接枝条时，必须严格遵守国家植物检疫条例进行检疫，不得到疫区随意购买。

二、农业防治

（一）栽培管理

加强栽培管理，增强树势，提高树体抗病虫能力。树势弱，容易受到柑橘炭疽病、树脂病、柑橘红蜘蛛、柑橘四斑黄蜘蛛、锈壁虱、柑橘木虱、黑刺粉虱等病虫的为害。因此要做好柑橘排灌系统，防止橘园积水，增施有机肥，做到氮、磷、钾化学肥料合理施用及化肥与有机肥的合理配合，矫治柑橘树和土壤各种缺素症。

（二）冬春季清园

橘园内柑橘树的病枝、病叶和落果以及树干翘皮等，均是柑橘红蜘蛛、炭疽病等主要病虫害的越冬场所。因此，在当年冬采果后和第二年春季柑橘树萌动前，开展人工措施和药剂清园能有效降低当年病虫越冬基数。人工清园主要包括“剪、刮、耙、烧、涂”（剪：剪除病、虫枝和易引起潜伏的枯枝、荫枝和树干上抽生出的不定梢；刮：刮除老、翘树皮；耙：清理地面枯枝、落叶、落果；烧：将剪、刮、耙收集到的残枝、病叶、落果等堆积起来点火燃烧后就地深埋；涂：用石灰，食盐，兑水调成糊状涂抹树干）。药剂清园：可选用73%炔螨特、98%机油乳剂，石硫合剂、松脂合剂等进行药剂清园。

（三）果园生草

柑橘园种绿肥，合理利用土地，有利于土壤团粒结构的形成，防止水土流失。高温季节降低土温，提高土壤肥力，是解决肥料缺乏的行之有效的办法。在绿肥盛花期刈割压青，青草（绿肥）产量最高。作为果园绿肥栽培的通常选用豆科作绿肥，豆科绿肥具有高产，氮、磷、钾等营养成分含量高，生长期短，用种量少，较耐阴不易传播柑橘病虫害等特点。果园种绿肥要留出树盘，幼树不少于1m直径，成年树不少于50～80cm直径。柑橘园生草栽培，关键要选择最适应的草种。对于柑橘树来说，柑橘根系生长特点，柑橘根系从5月上旬开始生长，6～11月上旬生长最盛，此时间最好没草，所以理想的草种是10月发芽，次年5月份停止生长，6月下旬枯死成敷草。据报道，最适合的草是利大意黑麦草，其特点是一年生牧草，不选择地，喜酸性，很快覆盖全园，7月中旬完全枯萎，9月初种子自行播落，下一代自然生长。它的作用与种绿肥一样，但缺点是竞争柑橘树的水分和养分，冬季地温上升缓慢，虫害略有增加，总之利多弊少。另外，在柑橘园种植三叶草和紫花苜蓿等草种也有很好的效果。

三、理化诱控技术

利用吸果夜蛾、金龟子等鳞翅目、鞘翅目成虫对光的趋性，在橘园可按每30～50亩安装1台太阳能杀虫灯实施灯光诱杀；利用橘蚜、粉虱等害虫对色板的趋性，在橘园可按每亩悬挂15～20张黄板实施色板诱杀；利用柑橘潜叶蛾等鳞翅目的雌成虫的趋化性，在橘园可按每亩悬挂1～2个性诱剂装置实施对潜叶蛾雌成虫和实蝇的诱杀，也可按红糖: 米醋: 酒: 水=0.5:1:1:10的比例自制成糖酒醋液诱杀实蝇。

四、生物防控

近年来，我国在柑橘园实施的最普遍、效果较好的“以虫治虫”的生物防控技术就是“以螨治螨”，即选用胡瓜钝绥螨，在橘园按每株悬挂1～2包捕食螨，当螨口基数处在2头/叶以下，并结合人工生草，然后4～5月进行人工释放，基本上能控制当年柑橘红蜘蛛的为害。另外，还可选用阿维菌素、苦参碱、印楝素等生物农药防治柑橘红蜘蛛和橘蚜等害虫。

五、科学用药

化学防治仍然是柑橘树主要病虫害防控的主要手段，特别是在病虫害突发和爆发的关键时期，化学农药将起到其他措施无法取代的作用。在实施化学防治时，第一，科学的施药技术是防治的关键，即最适的施药时期和关键的施药部位。如柑橘红蜘蛛的最适施药时间是在春季3～4月春梢抽发，尤其是花前期，当叶片螨口数量超过2～3头/叶时，叶片背面、树冠内膛和上层是防治施药的关键部位；柑橘潜叶蛾最适的施药时期是在夏末初秋的7月下旬至8月上旬，秋梢是防治的关键部位；柑橘炭疽病的最适施药时期有两个，一个是3～4月春梢抽发期，另一个是8～9月的秋梢抽发期（春见和不知火等杂柑果实套袋前期），叶片、新梢和果实的关键部位；柑橘树脂病的最适施药时间是在夏末初秋7月中旬至8月中旬，主干、枝条和果实是防治的关键部位。第二，农药的合理选择是防治的前提，即对症下药。根据近年来笔者在柑橘园开展的新农药、新剂型和新配方的药效和安全性评价结果，防治柑橘红蜘蛛可选用机油乳剂、矿物油、阿维菌素、炔螨特、螺虫乙酯、螺螨酯和丁氟螨酯等药剂；防治柑橘潜叶蛾可选用阿维菌素、氯氰菊酯、溴氰菊酯、联苯菊酯、高效氯氟氰菊酯、丁醚脲和灭幼脲等药剂；防治柑橘粉虱可选用阿维菌素、氯氰菊酯、溴氰菊酯、联苯菊酯和高效氯氟氰菊酯等药剂；防治柑橘炭疽病可选用代森锰锌、甲基托布津、多菌灵、噻菌铜、酰胺唑、霉能灵、苯醚甲环唑、嘧菌酯和咪鲜胺等药剂；防治柑橘树脂病可选用代森锰锌、甲基托布津、多菌灵、噻菌铜、酰胺唑、霉能灵、苯醚甲环唑和嘧菌酯等药剂。在使用以上药剂时，杜绝农药的超量、超范围、超期使用，同时应注意药剂的交替使用和合理混用，特别严格执行农药的安全间隔期施用农药。

根据四川柑橘产区的气候特点和柑橘树不同生长时期的病虫害发生为害现状制定出以下的科学用药措施。

（一）柑橘树休眠期（12 月至翌年 3 月）

该时期气温低，一般病虫进入越冬状态。此阶段应搞好果园清洁卫生为主，修剪病虫枝梢；有冻害的柑橘区，要注意防霜防冻。冬春修剪结束后，全园喷施农药：73% 克螨特乳油 1500 ~ 2000 倍液或 94% 矿物油乳剂 50 ~ 200 倍液，主要针对越冬的柑橘红蜘蛛、柑橘黄蜘蛛、蚧类、蚜虫类和粉虱类等害虫。

（二）柑橘树春梢抽发期（3 ~ 5 月）

该时期气温适宜柑橘树新梢抽生，病虫食料丰盛。柑橘疮痂病、炭疽病、柑橘红蜘蛛、柑橘四斑黄蜘蛛、粉虱类、蚜虫类、蚧类，以及花蕾蛆、桔实雷瘿蚊等相继发生。此段时期，柑橘树的物候期和气候条件都有利上述病虫发生为害，害虫天敌数量较少，不能控制害虫。因此，此段时间内：

1. 当春梢长 5 ~ 6mm（米粒大小）时

重点防治柑橘炭疽病，主要选用 25% 咪鲜胺乳油或 33% 苯甲 · 嘧菌酯悬浮剂等药剂进行防治。防治柑橘疮痂病主要选用 75% 肟菌 · 戊唑醇水分散粒剂或 60% 唑醚 · 代森联水分散粒剂等药剂，也可选用 80% 代森锰锌可湿性粉剂或 500g/L 甲基硫菌灵悬浮剂预防其他病害。

2. 当春梢芽长至 2 ~ 3cm 时

重点防治柑橘红蜘蛛、柑橘四斑黄蜘蛛，主要选用240g/L 螺螨酯悬浮剂、43% 联苯肼酯悬浮剂或 15% 乙螨唑悬浮剂和 20% 四螨嗪悬浮剂等药剂控制螨群发生中心，压低害螨种群数量。

3. 当柑橘花蕾露白前一周

地面防治花蕾蛆，可选用15%毒·辛颗粒剂撒施地面进行防治花蕾蛆。

4. 当花蕾蕾顶现白期

树冠防治花蕾蛆，可选用10%氯氰菊酯乳油进行防治。

5. 当谢花2/3时

防治炭疽病兼治疮痂病和树脂病。

另外，前期对红蜘蛛控制差的果园，谢花后狠抓红蜘蛛和四斑黄蜘蛛的防治；从5月下旬开始喷22.4%螺虫乙酯悬浮剂或33%螺虫·噻嗪酮悬浮剂等药剂防治矢尖蚧兼治其他蚧壳虫和柑橘粉虱（10%溴氰虫酰胺可分散油悬浮剂）和黑刺粉虱；3~4月间有吹绵蚧发生的果园。有桔实雷瘿蚊的果园，5月下旬选用0.5%阿维菌素颗粒剂或15%毒·辛颗粒剂地面毒土撒施，防治成虫上树产卵。

（三）柑橘夏梢抽发期（6-8月）

该时期主要针对预防潜叶蛾的发生和为害。在测报的基础上，当夏梢长至0.5cm左右，统一放夏梢和药剂保梢。同时，这段时间特别注意柑橘溃疡病和柑橘炭疽病的发生，柑橘溃疡病可选用30%噻森铜悬浮剂、52%氢氧化铜水分散粒剂、5%噻霉酮悬浮剂等药剂，柑橘炭疽病可选用25%咪鲜胺乳油或33%苯甲·嘧菌酯悬浮剂等药剂。在少雨，气温偏高的情况下，还要特别注意柑橘锈壁虱的上果为害，可选用30%唑虫酰胺悬浮剂、5%唑螨酯悬浮剂等药剂。6月中旬、7月下旬至8月上旬，注意加强柑橘粉虱和黑刺粉虱的防治，以及有桔实雷瘿蚊发生地区，加强树冠防治。

（四）柑橘秋梢抽发期（9-11月）

该时期，气候温和、多雨，为柑橘园第二次病虫发生高峰。此时害虫数量虽然较大，但由于各种天敌种类和数量也都很多，对害虫的控制能起到较显著的作用，因此应加强天敌保护和利用，尽量减少农药的施用。当成年树抽秋梢后7～10天，幼树和苗圃秋梢长0.3cm时，注意防治潜叶蛾的为害，药剂可选用30%唑虫酰胺悬浮剂、2.5%高效氯氟氰菊酯乳油和40%杀铃脲悬浮剂等药剂。前期炭疽病防治差或发生严重的果园，仍需要进行防治。山区和半山区的柑橘园，要注意防治吸果夜蛾的为害，药剂可选用24%甲氧虫酰肼悬浮剂或200g/L氯虫苯甲酰胺悬浮剂等；有柑橘实蝇为害的地区要及时摘除蛆柑和拾落地果，并集中深埋处理。

第四章　梨主要病虫害发生与绿色防控

梨病害约有80余种，其中发生普遍、为害严重的有梨黑星病、梨黑斑病、梨轮纹病、梨锈病及一些缺素症生理性病害。梨黑星病是梨树最主要的病害，在病害流行年份，如果防治不力，往往造成感病品种叶片提早脱落，大多数果实不能食用；梨黑斑病，局部地区受害严重，尤其在日本梨系统品种上发生普遍，对产量影响很大；梨轮纹病，常造成枝干枯死和果实腐烂，并引起贮藏期烂果；由于大量种植桧柏，导致梨锈病的发生；还有一些缺素症生理性病害也常常影响梨产量和品质。

梨害虫大约近700种，但发生严重的有10余种。其中梨小食心虫、梨云翅斑螟（梨大食心虫）、桃蛀果蛾、苹果小卷叶蛾，在相当部分梨区造成减产降低果品质量的优势种群，梨黄粉蝶、梨二叉蚜、山楂叶螨、中国梨木虱为害芽、新梢和叶片，引起落叶，影响梨树正常生长发育的主要害虫，吉丁虫、梨枝圆蚧为害枝干造成死树。

第一节　梨主要病害发生与为害

一、梨黑星病

（一）为害状

梨黑星病又称疮痂病，能侵染梨树所有绿色幼嫩组织，主要为害叶片和果实，也可为害新梢、芽鳞、花序。其症状特点在病部位产生黑色霉状物。

1. 叶片受害

多数先在叶背面的主脉和支脉之间出现黑绿至黑色霉状物，不久在霉状物对应的正面出现淡黄色病斑，严重时叶片枯黄，易引起叶片早落。

2. 果实受害

从幼果期至梨果成熟期都可受害。病斑圆形、淡黄色，上生黑霉，病斑扩展到一定时期，病部凹陷龟裂。病斑多时，果实发育受阻，果小并呈畸形，在成熟前易脱落。成熟果实受害，果面出现大小不等的圆形或近圆形黑色病斑，表面干梗、粗糙，霉层很少，果实不畸形。

3. 梨芽被害

鳞片茸毛较多，后期表面产生霉层，严重时芽鳞开裂，甚至枯死。第二年春季病芽长出的新梢，基部出现淡黄色不规则形病斑，不久表面很快布满黑色霉层，称之为霉梢或霉梢芽。后期病部渐凹陷，开裂，变成溃病斑。

4. 生长期新梢受害

多在徒长枝或秋梢幼嫩组织上形成病斑。病斑椭圆形或近圆形，淡黄色，表面有黑色霉层，以后病部凹陷，龟裂，成疮痂状。

（二）病原及发生规律

梨黑星病菌是子囊菌亚门黑星病属的一种真菌。病菌以分生孢和菌丝在芽鳞、病叶、病果和病枝上越冬。第二年温度适宜时，残存的越冬分生孢子和病部形成的分生孢子，借风雨传播，进行侵染为害。在秋雨较多、冬季温暖潮湿地区，越冬病叶上可形成子囊壳，春季子囊壳成熟，遇雨水后放出子囊孢子，进行侵染。不同地区病菌越冬部位不同，四川等地区主要以落叶上未成熟的子囊壳越冬，第二年春季产生子囊孢子，进行侵染。

梨黑星病在四川地区，3 月下旬至 4、5 月开始发病，6－7 月为发病盛期，8 月中旬以后病势开始下降。

梨树不同品种中受黑星病为害程度表现不同。我国栽培的西洋梨基本不感染黑星病，而中国梨和日本梨系统中许多品种发病很重。

各地观察证明，降雨，特别是连续几天的阴雨，是梨黑星病菌侵入的必要条件。梨树栽植过密或枝叶过多，造成局部空气湿度过大，也会加重病情。

二、梨黑斑病

（一）为害状

主要为害叶、新梢和果实。幼叶最早发病，开始产生褐色至黑褐色的圆形斑点，边缘明显，后期斑点逐渐扩大成近圆形或不规则形，中心灰白至灰褐色，边缘黑褐色，有时有轮纹。病斑多时相互合并成不规则形的大病斑，使叶片焦枯、畸形，引起早期落叶。天气潮湿时，病斑表面遍生黑霉，即病菌的分生孢子梗和分生孢子。新梢受害时，病斑初期椭圆形，暗褐色凹陷，后扩大为长椭圆形、淡褐色、明显凹陷的病斑，病健交界处常产生裂缝，病梢易折断或枯死。幼果受害时，初在果面上产生1个至数个黑色的圆形斑点，逐渐扩大成圆形或近圆形病斑，呈浅褐色至灰褐色，略凹陷。后期果实畸形、龟裂，裂缝可深达果心，果面和裂缝内产生黑霉并常引起落果。果实成熟期感病的，初为圆形黑色斑点，后扩大成圆形或近圆形大斑，黑褐色，稍凹陷，后期生黑绿色霉，果肉软腐。

（二）病原及发生规律

梨黑斑病病原菌是半知菌亚门中链格孢属的一种真菌。病菌以分生孢子及菌丝体在病叶、病梢和病果上越冬。第二年春天，在越冬的病组织上产生新的分生孢子，通过风雨传播。孢子萌发后可通过气孔、皮孔侵入，也可直接穿透寄主表皮侵入，引起初次侵染。以后，新老病斑上又不断产生新的分生孢子而发生再侵染。

一般年份在4月下旬至5月初，叶片开始出现病斑，5月中旬增加，6月份多雨期病斑加剧增加。果实于5月上中旬出现少量病斑，6月上旬病斑较大，6月中下旬果实龟裂并开始脱落，7月下旬至8月上旬病果脱落较多。

温度和降雨量与病害的发生和发展关系极为密切。一般气温在24℃～28℃，同时连绵阴雨，有利于梨黑斑病的发生和蔓延，气温在30℃以上和20℃以下，则病害停止蔓延。树势弱，施肥不足，有利于病害发生；结果过多，也有利于病害发生。反之，则发病较轻。

三、梨轮纹病

（一）为害状

梨轮纹病主要为害枝干树皮和果实，又叫粗皮病、瘤皮病。枝干树皮发病，多以皮孔为中心形成暗褐色、水渍状小病斑，以后逐渐扩大成近圆形或扁圆形褐色瘤状突起，病疣较坚硬，表面黑褐色。第二年病疣周围一圈树皮变为暗褐色，浅层坏死，多烂到木质部。病斑上产生许多小黑点，病健交界处隆起，出现裂缝，有些病斑翘起，剥离，表面粗糙，故称粗皮病或疣皮病。果实受害，多在近成熟期受害，初期以皮孔为中心形成水渍状、近圆形的褐色小斑，后扩大成为具有同心轮纹状的红褐色病斑。病部果面褐色、软腐，并流出茶褐色黏液，发生酸臭味，最后干缩成僵果，表面密生小黑点。叶片发病，病斑圆形，微具同心轮纹，后逐渐变成灰白色并长出黑色小点。

（二）病原及发生规律

梨轮纹病有性阶段属子囊菌亚门的一种真菌——梨生囊孢壳菌，无性阶段属半知菌亚门的一种真菌——轮纹大茎点菌。病菌以分生孢子器、菌丝体和子囊壳在病部越冬。第二年梨树发芽时，病组织中越冬后的菌丝体继续扩展侵害梨树枝干，到4月中下旬开始散发少量分生孢子，5~6月分生孢子散发较多，经雨水下溅或流淌而传播到其他部位。孢子萌发后经皮孔侵入枝干，再经15~20天形成新病斑，侵入的病菌具有一定潜伏特点，落花后至8月中旬左右，病菌侵入果实为害，其间每当降雨后就有一些果实被害。在栽培品种中日本梨系统的品种果实发病重，西洋梨系统的许多品种和杂交后代发病重。

四、梨褐斑病

（一）为害状

梨褐斑病又称斑枯病、白星病，仅为害叶片。其斑点初期为圆形或椭圆形、褐色，边缘明显；后期病斑中心灰白色，密生黑色小粒点，边缘褐色，最外层黑色。病斑中部可发展成为灰白色，故又称白星病。有的病斑可脱落而穿孔，多数病斑合并时，可形成不规则形褐色斑。

（二）病原及发生规律

梨褐斑病菌有性阶段属子囊菌亚门的一种真菌——梨球腔菌，无性阶段属半知菌亚门的一种真菌——梨生壳针孢菌。病菌以分生孢子器和子囊壳在落叶上越冬。第二年春季病叶（落叶）被雨水湿润后产生大量的分子孢子，随风雨传播，从叶正面和背面都可以侵入。褐斑病菌侵入叶片后有一定潜育期，其长短主要受气温的影响，最短3天，最长31天，一般6~12天。在梨树生长期，病斑上成熟的分生孢子，随风雨可再次侵入叶片。在整个生长季节中，病害能多次侵染，陆续引起叶片发病，5~7月份多雨、潮湿，发病重。树势、排水不良的果园发病重。发病严重时，5月下旬开始落叶，7月中下旬落叶最严重。

五、梨锈病

（一）为害状

梨锈病又名赤星病，土名“红隆”“羊胡子”等。梨锈病主要为叶片和新梢，严重时也能为害幼果。叶片受害，开始在叶正面产生橙黄色、有光泽小斑点，数目由一二个到数十个不等，以后扩大为近圆形病斑，病斑中部橙黄色，边缘淡黄色，最外层有一圈黄绿色晕。病斑表面密生橙黄色针头大的小粒点，即病菌的性孢子器。天气潮湿时，其上溢出淡黄色黏液。黏液干燥后，小黑点变为黑色。病斑组织逐渐变肥厚，叶片背面隆起，正面稍凹陷。在隆起部位长出黄色毛状物，此为锈孢子器。锈孢子器成熟后，先端破裂，散发出黄褐色粉末，即锈孢子。

幼果、新梢受害症状与叶片受害症状相似。

（二）病原及发生规律

梨锈病菌属担子菌亚门的一种真菌——梨胶锈菌。以多年生菌丝体在桧柏病组织中越冬。梨锈病菌能产生冬孢子、担孢子、性孢子和锈孢器类型孢子，但不产生夏孢子，因此不能进行再侵染。越冬后第二年3月间开始显露冬孢子角。春雨时冬孢子角吸水膨胀，成为舌头胶质块。冬孢子萌发后产生有隔膜的担子，并在其上形成担孢子。担孢子随风飞散。在梨树发芽、嫩叶、花、幼果形成期间，担孢子散落在嫩叶、新梢、幼果上，在适宜条件下萌发，产生侵染丝，直接侵入表皮组织内。经6~10天，叶正面出现橙黄色病斑，其上长出性子器并产生性孢子。在背面形成锈孢器，并产生锈孢子，锈孢子不能直接为害梨树，而为害转主寄主桧柏，并在其上越夏和越冬，到第二年春天再度形成冬孢子角。冬孢子角上的冬孢子萌发产生担孢子，它不直接为害桧柏，而为害梨树。

梨锈病的发生轻重与桧柏的多少、距离远近有关系，尤其离梨树栽培区1.5~3.5km范围内有松柏影响最大。在有桧柏存在的条件下，病害流行受气象因素的影响。病菌只有侵害幼嫩的组织。当梨芽萌发、幼叶初展时，如正值天气多雨，温度适宜，冬孢子萌发，就会有大量担孢子飞散。阴雨连绵或时晴时雨，发病严重。冬孢子萌发盛期一般在4月中旬，常与梨花盛期相一致。冬孢子成熟程度与气温变化关系密切，一般3月上中旬气温高，冬孢子成熟早。冬孢子膨胀发芽需要有雨水，如冬孢子堆成熟后，梨树还没有发芽，此时若雨水多，则梨树感病机会少。所以，2~3月份的气温和3月下旬至4月下旬的雨水，是影响当年梨锈病发生的重要因素。梨树不同品种对锈病的抗病力也有一定差异，一般中国梨最易感病，日本梨次之，西洋梨较抗病。

六、梨炭疽病

（一）为害状

梨炭疽病也称苦腐病，主要为害果实，也能为害枝条。果实多在生长中后期发病。发病初期，果面出现淡褐色水渍状的小圆斑，以后病斑扩大，色泽加深，并且软腐下陷。病斑表面颜色深浅交替，具明显的同心轮纹，在病斑表皮下形成无数小黑点，略隆起，初褐色，后变黑色。随着病斑的扩大，病部烂入果肉直至果心，使果实变褐，有苦味。发病严重时，果实大部分或整个腐烂，引起果实脱落或在枝条上干缩成僵果。

梨炭疽病也能为害枝条，但营腐生生活，多为害因枯枝或病虫为害的枝条、生长衰弱枝条，为害部的皮层与木质部逐渐枯死呈深褐色。

（二）病原及发生规律

梨炭疽病属子囊菌亚门的一种真菌——围小丛壳菌。病菌以菌丝在僵果或病枝上越冬；第二年春季温湿度适宜时，产生大量的分生孢子，借风雨或昆虫传播，引起初次侵染。梨炭疽病多以越冬病菌为中心出现病果，然后向下呈伞形状扩展蔓延，有分片集中现象。以后发病的果实，都可以形成新的侵染中心，一年反复多次侵染，有时直到采收。

病害的发生和流行与雨水有密切的关系，4～5 月多阴雨年份侵染早，6～7 月阴雨连绵发病重。地势低洼，土壤黏重，排水不良的果园发病重；树势衰弱、日灼严重、病虫防治不及时和通风透光不良的果园发病重。

七、梨树缺素症

（一）缺铁症

多从新梢顶嫩叶开始发病，初期先是叶肉失绿变黄，叶脉两侧仍保持绿色，叶片呈绿网纹状，较正常叶片小。随着病情加重，黄化程度愈加发展，致死全叶呈黄白色，叶片边缘开始产生褐色焦枯斑，严重时叶焦枯脱落，顶芽枯死。由于铁对梨叶叶绿素的形成起催化作用，同时铁又是构成呼吸酶的重要成分，对呼吸起着重要作用。在盐碱性重的土壤中大量可溶性二价铁被转化为不溶性三价铁盐而沉淀，不能被利用。春季干旱由于水分蒸发，表层土壤中含盐量增加，又正值梨树旺盛生长期，需铁量较多，因此黄化现象严重。另外，地势低洼，排水不良，地下水位高，土壤黏重及经常灌水，也容易引起梨树缺铁而叶片黄化。

（二）缺锌症

梨树缺锌可导致小叶病，表现为春季发芽晚，叶片狭小，呈淡绿色。病枝节间短，其上着生许多细小簇生叶片。病树花芽减少，花小、色淡，坐果率低，明显影响梨产量和质量。锌是合成生长素的必需元素，缺锌时游离的和结合的生长素明显减少，致使生长停滞。当叶片中含锌量低于 10 ~ 15ppm 时，即表现缺锌状。当土壤中呈碱性或含磷量较高，并大量施用氮肥或土壤中有机质、水少，容易引起缺锌。

（三）缺硼症

表现为春季 2 ~ 3 年生枝的阴面出现疙瘩状突起，皮孔木栓化组织向外突起，用刀削除表皮可见零星褐色的小斑点。严重时芽鳞松散，呈半开状态，叶小，不舒展，坐果率极低，新梢上的叶片有红叶出现。发病严重时，花芽从萌发到开绽期陆续干缩枯死。果实小，畸形，有裂果现象，不堪食用，轻者果心维管束变褐，木栓化；重者果实呈海绵状。土壤瘠薄的山地，河滩果园，土壤石灰质过多，硼易被钙固定，或钾、氮过多，均易发生缺硼症。

（除梨树外，苹果、桃树等落叶果树都有缺素症，其症状表现基本相似）。

第二节　梨主要害虫发生与为害

一、梨小食心虫

梨小食心虫属鳞翅目，小卷叶蛾科。

（一）为害状

梨小食心虫以幼虫蛀食新梢（桃梢）和果实。被梨虫危害后的梗洼、萼洼和果与果、果与叶相贴处有小蛀孔，孔周围微凹陷，不变绿色。最初幼虫在果实浅处为害，孔外排出较细虫粪，周围易变黑。果内虫道直向果心，果肉、种子被害处留有虫粪。果面有较大脱果孔。虫果易腐烂脱落。

（二）形态特征

1. 成虫

体长 4.6 ~ 6.0mm，翅展 10.6 ~ 15.0mm。全体灰褐色，无光泽。头部具有灰褐色鳞片；前翅混杂有白色鳞片，中室外缘附近有 1 个白斑点。后翅暗褐色，基部较淡，缘毛黄褐色。

2. 卵

淡黄白色，半透明，扁椭圆形，中央隆起，近孵化时呈黑褐色。

3. 幼虫

体长 10～13mm，初孵幼虫白色，后变成淡黄色或粉红色。头部黄褐色，两侧有深色云雾状斑纹。前胸背板淡黄色。臀栉深褐色，具有 4～7 齿。

4. 蛹

长 6.8～7.4mm，黄褐色，第 3～7 腹节背面有两行刺突，第 8～10 节各有一较大的刺实。臀刺 8 根。

（三）发生规律

梨小食心虫以老熟幼虫在枝、干、根颈部粗裂皮缝里、树下落叶、土里结茧越冬；第二年春，日平均温度 10℃ 以上开始化蛹，羽化为成虫。在四川盆地中部，各代成虫高峰期是：越冬代于 3 月底，第一代于 5 月中旬，第二代于 6 月中、下旬，第三代于 7 月底至 8 月初，第四代于 8 月底至 9 月初。在四川中部，第五代成虫高峰期不明显。直到 11 月上旬成虫才终见。梨小食心虫在梨、苹、桃混栽区，一般第一、二代为害新梢（桃、苹梨）。初孵幼虫从桃（苹、梨）树梢顶部 2～3 叶片的基部蛀入梢中。被害梢先端凋萎。以后从蛀孔流出树胶，被害梢干枯下垂。到 7 月中旬以后桃梢停止抽发。自第三代开始为害梨（苹、桃）果，至 9 月中旬幼虫开始脱果，进入越冬场所结茧越冬。

梨小食心虫成虫傍晚活动，喜食糖、醋液和烂果液，夜间产卵，成虫在桃树上产卵，主要产于桃梢自上而下第三片至第七片叶背面，在梨、苹树上也主要产在叶片、果实萼、洼梗洼及胴部。卵散产，一头雌虫可产卵 70 粒，被害桃梢蛀孔往外流出胶汁，梨、苹被害后，一般不流胶。被害新梢则萎蔫有虫，已枯死的梢里无虫。幼虫为害梨果，大多在梗洼、萼洼和两果相贴处蛀入，初在浅处为害，再深入果心。幼虫老熟后向果外咬一虫道直通果外，果面虫孔较大，叫脱果孔。幼虫自脱果孔爬出。梨小食心虫寄主比较复杂，有转移为害的习性。梨与苹果、桃、李等混栽或相邻栽，前期 1 代和 2 代主要为害桃、李，以后各代为害梨，梨果受害较重。单一栽培梨的，前期梨小食心虫发生少，为害也不重，往往在后期特别是接近成熟期，虫量多，为害加重。

梨小食心虫在雨水多，湿度大的季节或年份，有利于繁殖，发生量大，为害也重。相反，干旱季节或年份则发生量小，为害也轻。

梨小食心虫的卵和幼虫寄生蜂种类多，数量也较大，如果合理科学用药，对梨小食心虫能起到很好的控制作用。

二、梨云翅斑螟

梨云翅斑螟又名梨大食心虫，梨突虫，属鳞翅目，螟蛾科。

（一）为害状

梨大食心虫以幼虫为害梨的花芽、花序和幼果。越冬代幼虫多为害芽，被害芽枯死，蛀孔处有细小虫粪，并由丝缀连成团；开花期为害叶丛，被害叶丛凋萎枯死。当梨果长到拇指大时，则为害果实，蛀孔较大，蛀孔处有虫粪堆积。一头幼虫可为害 1 ~4 个幼果。被害果皱缩。当幼虫老熟时从果肉爬出来到果柄上吐丝，把果柄与果台枝牢牢地缠在一起，而后又回到果内结茧化蛹。被害果变黑、干枯、悬挂在枝上，至冬不落。

（二）形态特征

1. 成虫

体长 10 ~ 15mm，翅展 21 ~ 27mm。全体深灰褐色，有紫色光泽。前翅灰褐色，距翅基 2/5 和 4/5 处各有一条白色弯曲横线，翅外缘有一列小黑点，缘毛暗褐色。后翅灰色、缘毛明显。

2. 卵

椭圆形，稍扁平，初产时淡黄色或淡灰色，后变赤色，接近孵化时紫褐色，卵壳上有小点刻闪光。

3. 幼虫

越冬幼虫胴部紫褐色。老熟幼虫粗壮、暗褐色，体长 17 ~20mm。

4. 蛹

长约 10 ~ 12mm，初化蛹翠绿色，后变黄褐色。

（三）发生规律

梨大食心虫在四川一年发生 3 代，以幼龄幼虫在梨芽内结白色薄茧越冬。在汉源等地，越冬幼虫于 3 月开始出蛰活动为害，值梨树花芽萌动期，梨树芽开始露白时，越冬幼虫出蛰达盛期。越冬虫约半数为害梨芽，并有转芽为害的习性，另半数（后期出蛰的）的越冬幼虫可直接为害幼果，2 ~ 3 代幼虫以为害梨果为主，到 8 ~ 9 月初孵幼虫在梨芽上作短期为害后，即在芽内越冬。

梨大食心虫白天不活动，黄昏时开始活动，交尾和产卵。每头雌虫可产卵 40 ~ 80 粒，最多可达 213 粒。卵多产在短果枝上或果实萼洼处。梨大食心虫的发生和为害轻重同当年的湿度、雨水有关。湿度大，有利于其发生，相反则发生较轻。梨大食心虫幼虫的寄生蜂较多，对梨大食心虫的发生和为害有一定的控制作用。

三、苹小卷叶蛾

苹小卷叶蛾属鳞翅目，卷蛾科。

（一）为害状

早春幼虫危害嫩芽，并流出大量胶滴，重者嫩芽枯死，影响抽梢。吐蕾时，为害花蕾，并吐丝缠绕花蕾，使花蕾不能开放。为害嫩叶时，将吐丝缀合数叶，啃食叶肉，并多次转移为害新梢，幼虫长大时常将 2 ~ 3 片叶平贴果面，或潜伏果与叶、果与果之间，舔食果面和梗洼果面、果肉，造成针孔状或不规则小坑洼伤痕。

（二）形态特征

1. 成虫

体长 5 ~ 8mm，翅展 13 ~ 23mm。体黄褐色，前翅斑纹褐色，中带上半部狭窄，下半部向外侧显著增宽或下半部分成二叉，似倾斜的“h”形。后翅浅灰色，缘毛灰黄色。

2. 卵

扁平椭圆形，淡黄色，半透明，孵化前出现黑褐色小点。卵块多由数粒卵排列成鱼鳞状，表面有胶质覆盖物。

3. 幼虫

老熟幼虫体长 13 ~ 18mm，小幼虫黄绿色，长大后呈翠绿色。头部黄绿色，较小，略呈三角形，头壳两侧各有一黑色斑点。

4. 蛹

体长 7 ~ 10mm，黄褐色。第二腹节背面有两列刺突，尾端有 8 根钩状刺毛。

（三）发生规律

苹小卷叶蛾一年发生 3 代。以幼龄幼虫潜伏在树皮裂缝、剪锯口四周死皮以及潜皮蛾为害后的翘皮内，做长形白色薄茧越冬。越冬幼虫于第二年 4 月下旬至 5 月上旬开始出蛰，幼虫出蛰后顺枝干爬到新梢上为害幼芽、嫩叶和花蕾。展叶后幼虫吐丝缀合叶片为害，老熟后在其中化蛹，蛹期6～7天。以后各代成虫发生期为：越冬代成虫5月下旬至7月上旬，第1代于7月中旬到8月下旬，第2代于8月下旬至9月上中旬。成虫昼伏夜出，有趋光性，并对果汁、果酸和糖醋液有强的趋性。成虫羽化后1～2天交尾产卵，卵多产在叶面，每雌可产卵块1～2块，约200粒，每个卵块平均约100粒。卵期7～10天。初孵幼虫通常分散在卵块附近叶背的丝网下或上代幼虫缀合的虫卷内为害，稍长大后各自分散卷叶为害。幼虫受惊动后则扭头倒退，吐丝下垂逃逸。

四、梨叶斑蛾

梨叶斑蛾又称梨星毛虫，俗称饺子虫，属鳞翅目、斑蛾科。

（一）为害状

以幼虫为害芽、花蕾、嫩叶，严重时一个开放的花芽内有幼虫1～20头。在这种情况下，花芽先被吃空、变黑，枯死。展叶后，幼虫转移至叶片上吐丝把叶缘两边连接起来成饺子状，潜藏其中蚕食叶肉，仅留一层表皮和叶脉。

（二）形态特征

1. 成虫

全体灰黑至黑褐色，无光泽。触角黑色，雄虫触角双栉齿状，雌虫触角单栉齿状。前翅灰黑色，半透明，翅脉明显，翅面有短鳞毛。

2. 卵

扁椭圆形。初产时白色，后变淡黄色，孵化前为暗褐色，卵成块状，每块有数粒至百余粒卵。

3. 幼虫

老熟幼虫体长 15～18mm，初孵幼虫淡紫色，后变白色。头小，常缩于前胸内。中、后胸和腹部第 1～8 节侧面各有圆形黑斑 1 个。背面各节有一列横毛丛 6 簇。

4. 蛹

略呈纺锤形，黑褐色。腹节背面第 3 至第 8 节有列褐色小刺，腹末钝圆并有数根细毛。

5. 茧

白色。有内外两层，外层粗糙。

(三) 发生规律

梨叶斑螟一年发生 1 代，以 2、3 龄幼虫在树干的裂缝和粗树皮间结茧越冬。第二年梨树发芽时，越冬幼虫出蛰上芽为害，出蛰期约 8～20 天。越冬幼虫出蛰后先为害芽、花蕾和嫩叶。梨树展叶后，幼虫转移为害叶片，吐丝将叶片缀合成饺子状，幼虫潜伏苞中食害叶肉。一头幼虫能为害 7～8 叶片。老熟时在苞叶内结茧化蛹。蛹期约 10 天左右，于 6 月上旬成虫羽化。成虫白天多产卵于叶背面，成不规则卵块，尤以老叶苞附近的叶上层多。初孵幼虫先群集在卵块附近的叶片为害，将叶片食成很小的圆斑点。大约为害 10 天左右，就转移至越冬场所越冬。

五、中国梨木虱

中国梨木虱属同翅目，木虱科。

(一) 为害状

春季成虫、幼虫多集中于新梢、叶柄为害，夏秋季多集中在叶片吸食为害。受害叶片叶脉扭曲、叶面皱缩，产生枯斑，并逐渐变黑，提早脱落。且若虫分泌大量黏液，常使叶片黏在一起或黏在果实上，诱发煤污病、污染叶片和果面，果实发育不良，被害枝条生长停滞，不充实。

（二）形态特征

1. 成虫

分冬型和夏型两种。冬型成虫体长 2.8 ~ 3.2mm，灰褐色，前翅后缘有明显褐斑；夏型成虫体型较小，长 2.3 ~ 2.9mm，黄绿色，翅上无斑纹。成虫胸背均有 4 条红黄色或黄色纵条纹。静止时，翅呈屋脊状叠于体上。

2. 卵

卵圆形，初产时淡黄白色，后黄色，一端钝圆，其下有一刺状突起，固定于植物组织上。另一端小细，延长成一根丝。

3. 若虫

初孵若虫扁椭圆形，淡黄色，3 龄以后呈扁圆形，绿褐色，翅芽长圆形，突出于身体两侧。

（三）发生规律

中国梨木虱在每年发生 3 ~ 4 代，世代重叠。以冬型成虫在树皮缝、落叶、杂草及土缝中越冬。越冬代成虫于梨树花芽萌动时开始活动。成虫出蛰后，在一年生枝条取食为害，并交尾产卵。第一代卵始见于 3 月中旬，盛期是 4 月中旬，末期为 5 月上旬。各代成虫发生期大致为：第一代出现在 5 月上旬；第二代在 6 月上旬；第三代在 7 月上旬；第四代即发生冬型成虫，寻找越冬场所越冬。

越冬代成虫产卵于一年生枝梢、果台、短果枝叶痕及芽腋间，以短果枝叶痕处较多，卵排列成断续的黄色线状。以后各代卵各产于叶面沿叶脉的凹陷沟内，也有产于叶缘锯齿内或叶背面，每头雌成虫平均产卵 200 余粒；成虫活泼善跳，若虫有群集性，喜阴暗，多栖息在卷叶或重叠叶的缝隙内。

中国梨木虱的发生与气候关系很大，一般干旱年份或干旱季节发生较重。中国梨木虱发生与梨树物候期的相关性很强。越冬代成虫产卵期总是在梨树盛花前10天，第一代若虫集中为害期在梨树落花终期，第1代成虫的盛期在梨树花后20天左右。中国梨木虱的天敌很多，有花蝽、瓢虫、草蛉、蓟马和寄生蜂等，对中国梨木虱的发生起到一定的控制作用。

六、梨二叉蚜

梨二叉蚜属同翅目，蚜科。

（一）为害状

春季以成虫和若虫刺吸为害梨树新梢、叶片，被害叶向上纵卷呈筒状，皱缩，硬脆。

（二）形态特征

1. 无翅胎生雌蚜

体背骨化，无斑纹，有棱形网纹，背毛尖锐，长短不齐。第八腹节有毛1对。腹管长圆筒状，尾片短圆锥形，有长曲毛5~8根。

2. 有翅胎生雌蚜

头部、胸部黑色，腹部黄褐色或绿色。前翅中脉分二对，故称二叉蚜，额瘤微突。腹管、尾片同无翅胎生雌蚜。

3. 若虫

体小，绿色，无翅，形态与无翅胎生雌蚜相似。

4. 卵

黑色，椭圆形，有光泽。

（三）发生规律

梨二叉蚜一年发生约20代。以受精卵在树皮缝隙及芽腋间越冬。早春梨树花芽膨大开绽时，越冬卵孵化。孵化后的若蚜群集于芽上绿色部分为害。芽开放后即钻入芽内及花蕾中为害，展叶后转移至叶片上为害。一般在叶脉处取食。4 月上、中旬梢端嫩叶受害最重。中、下旬蚜量迅速增加，充塞卷叶内，此时有翅蚜开始发生，逐渐迁往夏季寄主。夏季寄主为狗尾草，并在其上迅速繁殖为害狗尾草，到了秋季又从狗尾草上迁回梨树，并繁殖数代。到 11 月份，由性母产生性蚜，雌雄交尾产卵越冬。

梨二叉蚜天敌很多，对其有一定抑制作用。

七、梨黄粉蚜

梨黄粉蚜属同翅目，根瘤蚜科。

（一）为害状

该虫群集果实萼洼为害，似堆积黄粉。果实表面被害初期为黄色，有稍凹陷的小斑，以后逐渐变成黑色，黑斑逐渐向周围扩大，表皮硬化，故称膏药顶。可造成果实内部变质、腐烂，在风雨中大批脱落。

（二）形态特征

梨黄粉蚜为多型性蚜虫，包括干母、普通型、性母和有性型四类。

1. 成虫

干母、普通型及性母的成虫均为雌性，形态相似。体呈倒卵圆形，鲜黄色，触角 3 节，足短小，无翅，无腹管。有性型雌雄二体，长椭圆形，鲜黄色，口器退化。

2. 卵

椭圆形，表面光滑，淡黄色。

3. 若虫

淡黄色，形似成虫，仅虫体较小。

（三）发生规律

梨黄粉蚜一年发生6～8代，以卵在果台、树皮裂缝和潜皮蛾为害的翘皮下或枝干的残物内越冬。来年梨树开花时，越冬卵孵化为干母，先在梨树翘皮内刺吸汁液，羽化为成虫后产卵繁殖后代，直到6月中旬。6月中旬以后，由于食料丰富，温湿度适宜，虫口猛增，蚜虫陆续向果实上转移为害。7月上旬多集中在果实萼洼处为害，以后逐渐转移至果面为害。此时远观果面上似有堆堆黄粉，周围有黄褐色晕环，即是成虫和其产下的卵堆以及初孵化的小若虫，擦去虫堆，果实上留有稍凹陷的小斑。果实近成熟时受害严重。8～9月间出现性母，产卵后发育为雌雄两性成虫，交尾后产卵越冬。

梨黄粉蚜的干母、普通型成虫及性母均具群居性，不甚活泼，常常数头固定在一处取食繁殖。有性成虫无口器，不取食，比较活泼。成虫寿命除有性蚜最短外，平均为23～41天，干母尤长，达百天以上。成虫喜欢在背阴处栖息取食，若虫有背光性，因此荫蔽处比向阳处虫量多，茂密处果实受害也严重。

梨黄粉蚜在果园中的发生数量与5、6、7月份的降雨有关，干燥、少雨发生数量大、为害重；反之，发生数量少，为害亦轻。

梨黄粉蚜在果园中迁移、扩散，主要靠爬行，不能借风力传播。苗木、枝条、穗条是梨黄粉蚜远距离传播的途径。

梨黄粉蚜有多种天敌，还有寄生菌，对梨黄粉蚜有一定的控制作用。

八、梨大蚜

梨大蚜属同翅目，蚜科。

（一）为害状

成虫、若虫群集于梨树枝干为害，被害处湿润黑色。虫口密度大时，枝干虫体似灰褐色蜡棒，排泄的蜜露落于枝干、叶片或地面杂草上，呈一层发亮的油层。梨树受害后轻者树势减弱，严重时造成枯枝，甚至整株死亡。

（二）形态特征

1. 无翅胎生雌蚜

活体树皮色，表面光滑，腹背面微呈瓦纹。体背密生软毛，腹部第 8 节有毛 100 根左右。触角短小，6 节，淡褐色，着生许多刚毛。腹管短，呈扁平的圆锥体，黑色，具刚毛，尾片黑色，圆形，着生许多刚毛。

2. 有翅胎生雌蚜

头，胸黑色，腹部稍骨化。触角第 3 节有感觉圈 12～17 个，第 4 节有 1～4 个。前翅透明，翅痣长大。

3. 卵

长椭圆形，黄褐色至黑褐色，有光泽。

4. 若虫

卵圆形，形态与无翅胎生雌蚜相似。

（三）发生规律

梨大蚜为全周期蚜，一年发生 6 代，以卵在枝条上越冬。来年 2 月中旬梨树芽开始萌动时，越冬卵开始孵化为干母若蚜。若虫经过 4 次脱皮后，于 3 月下旬羽化为干母成虫，并以孤雌生殖方式繁殖干雌若蚜，干雌于 4 月下旬至 5 月上旬，当旬平均气温在 19℃～20℃时，全部羽化为有翅干雌成蚜，5 月下旬迁至高山夏季寄主上繁殖 3～4 代，到 9 月下旬至 10 月上、中旬，由有翅性母蚜迁回梨树上为害。以胎生方式繁殖。

到11月中、下旬羽化为有翅雄蚜和无翅雌蚜，经交配产卵越冬。一头干母雌蚜一生产仔12～57头，一头雌成蚜一可产卵3～15粒，雄成虫寿命10～15天，雌成虫寿命5～17天。梨大蚜天敌很多，对其为害有一定的控制作用。

九、山楂叶螨

山楂叶螨属蜱螨目，叶螨科。又名山楂红蜘蛛、樱桃红蜘蛛，俗称“火龙”。

（一）为害状

成螨、幼螨和若螨均以刺吸口器刺入叶片组织取食汁液，被害叶片初期呈现灰白色失绿小斑点，随后扩大以致全叶呈灰褐色，终而焦枯脱落。常开二次花，不但影响当年产量，而且大大影响花芽的形成和次年产量。

（二）形态特征

1. 成螨

雌螨有冬型和夏型之分。冬型成螨朱红色，有绢丝光泽；夏型成螨初为红色，后变暗红色，体背两侧有黑色斑纹。两型螨体均为椭圆形，背隆起。背面有刚毛26根，分成6排，足4对。

2. 卵

球形，表面光滑，有光泽。前期产卵橙红色，后期产卵黄白色或橙黄色。

3. 幼螨

足3对，体圆形，黄白色，取食后体背两侧呈现淡绿色斑纹。

4. 若螨

足4对，幼螨脱第1次皮称前若螨，脱第二次皮称后若螨。体卵圆形到椭圆形，体色为淡绿或绿色。

（三）发生规律

山楂叶螨在四川西部地区一年发生5~6代。以受精的冬型雌成螨在苹果树翘皮、裂缝和树干基部周围的土块里越冬。雄成螨在越冬前死去。第二年春，当连续日平均气温达到10℃以上时，越冬雌成螨开始出蛰上树，此时正值梨树花萌动期，梨树展叶至花序分离期为雌成螨出蛰盛期，谢花期为出蛰末期。

冬型雌成螨出蛰上树后，先潜伏在芽周围或芽鳞上，当芽一开绽，立即爬到芽的绿顶上为害，继而为害花丛和叶丛。冬型雌成螨出蛰取食一周后，当气温达16℃开始产第1代卵。在苹果谢花后11天左右，第1代卵大部分孵化，第1代卵发生期相当整齐。以后各世代重叠，各螨态同时并存，到7~8月山楂叶螨发生数量达全年高峰。如防治不好，常会造成严重损失。

山楂叶螨不十分活跃，常一小群一小群地在叶背为害，并吐丝拉网，卵多产在叶背主脉两侧及丝网上。雌成螨一般产卵30~70粒。一般情况下，早春山楂叶螨多集中在树冠下部内膛枝叶上，以后逐渐向上向外扩散，至秋季则集中在秋梢上为害。一般叶背绒毛少，较光滑品种受害重；干旱年份发生重，多雨年份发生轻。山楂叶螨天敌较多，尽量保护和利用天敌，减少用药量，保护环境。

十、梨枝圆盾蚧

梨枝圆盾蚧属同翅目，蚧科，是重要的国内检疫对象。

（一）为害状

梨枝圆盾蚧以若虫、成虫固定在枝干和果实上为害。在虫体固定部位，造成典型的围绕介壳的红色小圆圈斑点。枝干受害后，呈红色圆斑，引起皮层木栓化和皮部、导管组织衰亡，皮层爆裂，抑制生长。严重时常引起早期落叶，枝梢干枯或整株死亡；果实受害多集中在果实的萼洼和梗洼处，受害部围绕介壳形成紫红色圆圈，果小，青梗，甚至龟裂，失去食用价值。

（二）形态特征

1. 成虫

雌成虫体扁圆形，黄色。虫体的腹面有丝状口器，背覆灰色圆形介壳，表面有轮纹，中央隆起，称为壳点，黄色或黄褐色；雄成虫头、胸部橘红色，触角 11 节，念珠状。口器退化。前翅乳白色，半透明，后翅退化为平衡棒。腹部橙黄色，介壳长椭圆形，灰白色，壳点偏向一端。

2. 若虫

初龄若虫扁椭圆形，淡黄色。足 3 对，发达，尾端有 2 根长毛。3 龄以后可区别雌雄。雌虫脱皮 3 次，介壳圆形，雄虫脱皮 2 次，介壳长椭圆形。

3. 蛹

仅雄虫化蛹于介壳下，圆锥形，淡黄略带紫色。

（三）发生规律

梨枝圆盾蚧在四川一年发生 2 ~ 3 代，以二龄若虫附着在枝条上越冬，来年 3 月梨树萌动时即开始陆续为害。5 月下旬至 6 月上旬越冬代雄虫羽化后与雌虫交尾后死亡，雌成虫于 6 月下旬开始产仔，7 月上旬达产仔盛期，7 月中旬产仔完毕。第一代雌虫羽化期为 7 月下旬至 8 月中旬，此代雌虫数量较大；第一代雌虫于 8 月底开始产仔，9 月上旬为盛期，产下的若虫发育至 2 龄后进入越冬。

由于雌成虫产仔时有差异，田间不断产仔，造成世代重叠和田间各虫态并存，因此给防治带来一定困难。一般一头雌成虫可产70～100头若虫。梨枝圆盾蚧的传播方式，主要是随苗木、果实进行远距离传播。根据调查梨枝圆盾蚧有50多种天敌，只要保护好天敌，一般不会对梨树产量造成大的损失。

十一、梨冠网蝽

梨冠网蝽属半翅目，网蝽科。又称军配虫。

（一）为害状

梨冠网蝽以成虫及若虫群集叶背刺吸汁液，使叶片正面形成苍白色小斑点。叶背面有深褐色排泄物，容易引起早期落叶。

（二）形态特征

1. 成虫

体长3～3.5mm。头部红褐色，触角4节，浅黄色。前胸发达，向后延伸至小盾片，两侧向外突出呈翼状。前胸背板与前翅均有网状花纹，静止时两前翅中间结合成“X”字纹。后翅膜质，半透明，白色。腹部金黄色，上有黑色斑纹。

2. 卵

淡黄色，透明，椭圆形，一端弯曲，卵产于叶肉组织，从叶背面看，只能见到黑色的小斑点（即卵的开口处）。

3. 若虫

初孵若虫白色，透明。经几小时后变为淡绿色。三龄时出现翅芽。腹部两侧有8对刺突，四龄若虫活泼，五龄若虫翅芽为身体的1/3，体宽阔扁平。

（三）发生规律

梨冠网蝽一年发生3～4代，以成虫潜伏于落叶、树干翘皮裂缝、杂草及土块缝隙处越冬。来年 4 月上旬越冬成虫出蛰，4 月下旬至 5 月上旬出蛰最多。4 月下旬成虫开始产卵。卵历期达 1 个月左右。5 月下旬孵化为若虫，孵化后的若虫不活泼，一直在叶背取食。若虫期约半月左右，脱皮 3 次后羽化为成虫。成虫羽化盛期于 6 月中旬。成虫寿命一般在 1 个月以上。因为产卵期也很长，这就是造成世代重叠的原因。

每一头雌成虫产卵约 15～60 粒，卵都集中产在叶背的叶脉两侧及叶片组织内，每处产卵一粒至数十粒。产卵处盖有暗褐色无光泽的分泌物。成虫怕阳光直射，白天多在叶背，一般向阴处多于向阳处，早晨及傍晚有少数成虫在叶面活动。成虫有假死性。

十二、梨象甲

梨象甲属鞘翅目，象甲科。又名朝鲜梨虎，梨实象甲，梨果象鼻虫，俗称“梨狗子”。

（一）为害状

以成虫蛟食嫩芽、啃食果皮，使果面呈不规则的斑点，果实膨大后呈“麻脸果”；幼虫蛀果为害后，使果实皱缩；成虫产卵时咬伤果柄，故果实易脱落。

（二）形态特征

1. 成虫

体长 12～14mm，暗铜色，有金绿闪光。头管较长，头部与鞘长度相等。雌虫头管较直，雄虫头管向下弯曲。雄虫触角着生在头管端部 1/3 处，雌虫触角着生在头管中部。触角 11 节。端部 3 节宽扁。前胸略呈球形，密布刻点和短毛，背板中部有 3 条凹纹，成“小”字形，鞘翅上刻点粗糙。

2. 卵

椭圆形，初产卵乳白，后变成淡绿色。

3. 幼虫

体长12mm左右，乳白色，体长多皱纹，略向腹面转曲。头部比较小，大部分缩入前胸内。胸足退化，属有头无足型。

4. 蛹

裸蛹，长约9mm，初化的蛹为白色，以后变成暗褐色，体表被有细毛。

(三) 发生规律

梨象甲一年发生1代，以成虫潜伏在土中筑的蛹室内越冬，部分个体二年发生1代，第一年以幼虫在土室内越冬，次年夏秋季化蛹羽化后的成虫继续越冬，到第三年春季才出土。在四川梨区有3/4以上个体为一年1代型。越冬成虫于来年春季梨树开花时开始出土。一般于3月下旬开始出土，4月中旬达出土盛期，5月底出土结束。成虫出土后在梨树上停留1~2天后开始取食，再经1~2周，雌雄才交尾，交尾后2~3天产卵。成虫产卵时用口器在果面咬1小孔，产卵于小孔内，产完卵后用粪便或体液封住孔口，然后再咬伤果柄，被咬伤的果柄因失水供给，常被风吹落于地。一头雌虫一般可产卵40~80粒，最多可产卵200多粒。

幼虫孵化后，向果内蛀食至果心。到达果心后转过头去又向果外蛀食，一般在果内蛀食15~30天后，在果皮内咬一近圆形浸润状褐色脱果孔，再经数天后，咬破果皮脱果落地。幼虫脱果选一适地方在土壤中约6cm深处筑室，在其中化蛹，羽化越冬。另少数幼虫不化蛹直接越冬，到第二年羽化为成虫越冬。梨象甲成虫有假死性，早晚气温低时，受惊则假死落地；中午晴空、气温度高时，虽受惊假死，但落在半空中即飞去，不落地。

十三、梨潜皮蛾

梨潜皮蛾属鳞翅目，细蛾科。又名梨潜细蛾，苹果潜皮蛾，除为害梨树外和其他落叶果树。

（一）为害状

以幼虫在苹果枝条的表皮下串食，形成弯曲的线状隧道，以后隧道汇集一片，表皮枯死翘起。特别是结果初盛期及二年生枝条受害重，甚至整株枯死，同时还为其他病虫的为害和越冬提供场所。

（二）形态特征

1. 成虫

一种小型蛾子，头部白色，胸部背面白色并布有褐色鳞毛，触角灰白色，长达前翅末端。前翅狭长，银白色，上有7条褐色横带。后翅细长，灰褐色。前后翅毛极长。

2. 卵

椭圆形、水清色、半透明，背面隆起，具有网状花纹。

3. 幼虫

前期幼虫（1～6龄）体扁平，头部呈三角形，黄褐色，胸足和腹足退化；后期幼虫（7～8龄）头部近圆形，体近圆筒形，褐色，胸足3对，腹足退化。

4. 蛹

淡黄至深黄色，近羽化时出现黑褐色花纹。茧肾状形，黄褐色，系老熟幼虫吐丝连缀翘皮而成。

（三）发生规律

梨潜皮蛾一年发生1～2代，以前期幼虫（3～4龄）在被害枝条孔道中越冬。第二年4月下旬越冬幼虫开始活动，6月下旬幼虫老熟，在剥离皮层下做黄色薄茧化蛹，蛹期20～30

天。越冬代成虫于7月中下旬出现，第一代幼虫于8月上旬出现，为害两个多月后于10月下旬至11月上旬越冬。

成虫羽化、交尾、产卵均在夜间进行，白天栖息树冠下部枝条上。卵多产在表皮光滑、绒毛少和较柔嫩的二年生枝条上，卵散产，每头雌虫可产卵8～12粒。树势旺盛的苹果产卵多，因而为害重。幼龄树较老龄树受害重，树冠内膛枝条和中下部枝条受害重，在低洼潮湿地区，近水源地区或多雨年份受害较重。

第三节　梨主要病虫害绿色防控技术

一、梨主要病虫害绿色防控技术的基本要求

（一）确定梨的主要病虫害种类和重点防治对象

具体到每个产区或每个梨园，由于环境条件、品种、树龄和病虫害防治历史与现状及防治水平的差异，其主要病虫害种类是不相同的。因此，必须查清每个梨园病虫害种类，确定出常发生种类和偶发的种类，这样才能有的放矢地针对主要病虫害种类制定出绿色防控措施。

（二）开展梨主要病虫害预测预报

在确定了主要病虫害种类基础上，对各种病虫害要进行发生规律的调查，找出本地区主要病虫害具体发生时间和有利防治时期。前面对主要病虫发生规律作了叙述，各地可做参考，以指导防治。

（三）明确防治指标

确定防治指标涉及的因素很多，包括梨的产量，病虫发生

程度，防治成本等，后面介绍了几种病虫防治指标，各地可做参考。梨小食心虫：卵果率达 1% 时喷药；梨大食心虫，多果年份，虫芽率在 5% 以上；少果年份虫芽率在 3% 以上，幼虫转芽率达 50% 时喷药，被害果率达 5% 时喷药；梨叶斑蛾越冬幼虫出蛰率达 50% 或梨树花芽开绽初期喷药。

（四）保护利用天敌

梨树的主要害虫都有许多天敌，如何发挥天敌的作用，就是要保护这些天敌在梨园中生存和繁殖。

（五）选用好化学农药并确定施药时机

其原则是当病虫害数量达到或超过经济允许水平才施用农药，同时要尽量避开天敌活动盛期施药，做到保护环境，维护梨园生态系统的平衡。

二、梨病虫害绿色防控技术的措施

（一）农业防治

1. 栽培管理

加强栽培管理，就是提高梨树抗病虫能力，消灭越冬病虫来源。生产实践证明，树势健壮、叶色浓绿，病虫害则轻；而树势衰弱，病虫害则重。如腐烂病等一些弱寄生性病害，在树体衰弱时易于发病，使树势更弱，以致死树。健壮树对害螨有一定的耐害性，在枝叶繁茂，叶色浓绿的树上，即使有害螨为害，也不致很快落叶。合理施肥，尤其是增施底肥，能促进梨树生长，增强树势，提高树体抗病虫能力。

2. 冬春季清园

合理修剪，剪除病虫枝梢。修剪的目的除了调节梨树营养生长和生殖生长的矛盾，使树壮多结果外，对病虫防治也有一定的积极作用。在冬剪时，可以剪掉黄褐天幕毛虫的卵块、黄刺蛾的越冬茧、蚱蝉产卵的枝条、梨云翅斑螟幼虫越冬的芽和为害的枝条的梨瘿华蛾以及烂果病的僵果，病果台等；梨树长出新梢后，及时剪除梨黑星病的病梢，对控制该病的发展有很大的作用。当新梢长至10cm以上时，及时剪除梨基蜂的产卵梢。结合疏花疏果，重点疏除梨实蜂产卵的花、幼果和梨云翅斑螟的虫果。将剪下的病虫叶、果收集起来，带出梨园，集中处理，切勿堆积梨园内和梨园屏障，以防病虫再次向梨园扩散。

在梨树落叶后，消除落叶和枯枝，是消灭病虫害经济有效的措施，许多病菌如梨黑星病、轮纹病、梨黑斑病和梨木虱、梨冠网蝽等都是在枯枝落叶中越冬。将清除的落叶或枯枝集中烧毁。

刨树盘，结合松土，能起到促进根系生长的作用，同时这是消灭越冬害虫的好办法。这项措施可消灭在土壤中越冬的桃蛀果蛾、部分梨小食心、梨象甲、梨实蜂和梨冠网蝽。

另外，可以利用许多害虫有假死、群居群集等习性，实施人工捕杀，如许多金龟子、梨象甲等，茶翅蝽、梨实蜂等成虫早晚不善活动，振树即落地；茶翅蝽在越冬前迁至园内或附近的房屋上越冬，可以根据这些害虫的习性，采取人工捕杀施予以消灭。

（二）理化诱控技术

利用梨小食心虫和金龟子等鳞翅目、鞘翅目成虫对光的趋性，在梨园可按每30~50亩安装1台太阳能杀虫灯实施灯光诱杀；利用蚜虫等害虫对色板的趋性，在梨园可按每亩悬挂15~20张黄板实施色板诱杀；利用梨小食心虫等鳞翅目的雌成虫的趋化性，在梨园可按每亩悬挂1~2个性诱剂装置实施对梨小食心虫等雌成虫和实蝇的诱杀，也可按红糖:米醋:酒:水

=0.5:1:1:10的比例自制成糖酒醋液进行诱杀。

（三）生物防控

近年来，我国在梨园实施的最普遍、效果较好的“以虫治虫”的生物防控技术就是“以螨治螨”，即选用胡瓜钝绥螨，在梨园按每株悬挂1～2包捕食螨，当螨口基数处在2头/叶以下，并结合人工生草，然后4～5月进行人工释放，基本上能控制当年山楂叶螨等螨类的为害。另外，还可选用阿维菌素、苦参碱、印楝素等生物农药防治梨二叉蚜等害虫。

（四）科学使用农药

药剂防治应选择合适的施药部位，选择施药时期，应使用选择性药剂，坚持交替使用和药剂混用的原则。

1. 梨树萌芽至开花前

该时期，主要防治对象是梨木虱、梨黑星病和梨黄粉蚜等病虫害。在梨木虱发生严重的梨园，在3月中旬初，可选用10%吡虫啉可湿性粉剂2000～3000倍药液防治出蛰成虫；在开花前1～2天，可选用80%大生M～45可湿性粉剂和10%苯醚甲环唑水分散粒剂等药剂防治梨黑星病，可选用1.8%阿维菌素4000倍药液，防治梨木虱、梨黄粉蚜等害虫。

2. 梨树落花至春梢生长期

该时期，主要防治对象是梨黑星病、梨黑斑病、梨锈病、梨木虱、梨茎蜂、金龟子、梨云翅斑螟、梨小食心虫、梨象甲等病虫害。在剪除病花丛中心病梢、病果的同时，落花80%时、落花后半月、落花后25～30天三个时期是防治的关键时期，重点是防治梨黑星病。可选用12%苯甲·氟酰胺悬浮剂、22.5%啶氧菌酯悬浮剂、40%氟硅唑可湿性粉剂、10%苯醚甲环唑水分散粒剂、80%代森锰锌可湿性粉剂和70%甲基托布津可湿性粉剂等药剂；防治蚜虫、食心虫、木虱，可选用

25%噻虫嗪水分散粒剂、240g/L虫螨腈悬浮剂、22.4%螺虫乙酯悬浮剂、10%吡虫啉可湿性粉剂、25%灭幼脲悬乳剂和48%毒死蜱乳油等药剂。以后根据梨黑星病发生情况，适当增减用药次数。在选用药剂防治梨树病虫害时，尽量避免施用乳油或可湿性粉剂剂型类的药剂，避免产生药害。

3. 春梢停止生长至果实成熟（即6~9月份）

该时期，主要防治对象是梨黑星病、黑斑病、轮纹病、梨木虱、梨蝽象、梨象甲、金龟子、梨小食心虫、桃蛀果蛾、梨星毛虫等病虫害。可自制糖醋液诱杀梨小食心虫等鳞翅目害虫，安装杀虫灯诱杀金龟子等鞘翅目害虫，也可悬挂性诱剂诱杀梨小食心虫和桃蛀果蛾等鳞翅目成虫。如果雨水比较多的年份或梨园，一定要注意防治好黑星病，尤其前期防治差的果园，8月以后果实被害可成倍增加，一定要喷药保护果实并结合防治梨黑斑病；5~8月间经常检查轮纹病为害果实情况，如果发生比较严重的梨园，可用70%代森环可湿性粉剂等药剂防治。在虫害方面，在梨果脱萼期（即梨果拇指大时）防治梨云翅斑螟、梨虎象等蛀果和伤果；7月中下旬在预测预报的基础上，梨小食心虫卵果率达0.5%~1%时，应立即进行防治，兼治桃蛀果蛾和桃蛀螟。

第五章　桃主要害虫发生与绿色防控

《中国果树病虫志》记载，我国桃树病害有 52 种。其中，真菌病害 45 种，细菌性病害 2 种，寄生种子植物 3 种，非侵染病害 2 种；桃褐腐病、桃炭疽病、桃疮痂病、桃缩叶病、细菌性穿孔病、桃木腐病、桃流胶病等为害较严重；害虫有 231 种，分属 10 目、57 科，分为五大类：一是蚜虫类，二是蚧类害虫，三是叶蝉类害虫，四是食心虫类，五是蛀枝干类害虫。

第一节　桃主要病害发生与为害

一、桃褐腐病

（一）为害状

桃褐腐病为害果实、花、叶和枝梢。果实自幼果至成熟期都可能遭受侵染，接近成熟期受害最严重。病果初期出现褐色圆形病斑，病部果肉变褐腐烂，病斑蔓延迅速。随病斑逐渐扩大，产生白色或灰色绒状的霉点、微隆起，初作同心轮纹状排列，渐次布满全果。全果腐烂之后，病果失水变成僵果。僵果不易脱落，常挂于枝头，最后变黑褐色。

花瓣及柱头受侵染时，先产生褐色斑点，逐渐蔓延至花萼和花柄，花蕊随后变褐色而枯萎。在潮湿条件下，病花迅速腐烂，表面丛生灰霉；在干燥条件下，则萎缩干枯，病花多残留枝上不易脱落。

嫩叶发病常自叶缘开始，病叶产生暗褐色水渍状斑块，迅速蔓延至叶柄，随之全叶枯黄，病叶不易脱落。

枝条染病的病源来自花梗或病果中的菌丝向下蔓延侵入而致。即形成枝条溃疡。溃疡长圆形，边缘紫褐色，中央稍凹陷，呈灰褐色，当扩展至环绕枝条一周时，枝条即枯死。溃疡在开始时常产生流胶现象，以后病部周围微隆起。

（二）病原及发生规律

桃褐腐病是子囊菌亚门中一种核盘菌属的真菌。病菌在僵果或病枝条溃疡中越冬。第二年春天，气温上升，产生分生孢子，随风、雨传播，行初次侵染。此病很少产生有性阶段，分生孢子在初次侵染中起主要作用。病菌经皮孔、气孔侵入果实，但主要通过伤口传入。果实在近成熟期发病最严重，温度在20～25℃，多雨、多雾条件下有利于此病的发生。害虫（蝽象）为害常造成此病侵染的机会。当健果与病果接触时，病菌也可以侵入果实，在贮藏期继续侵染为害；病菌侵入花蕊系借花芽管侵入柱头或密腺。当桃树开花时，如遇雨气温低的情况下，则花易腐烂。在桃树生长期内，条件适宜时，可以陆续侵入为害。凡是果皮薄、果肉柔软多汁的品种均易感染此病。能抗果腐的品种，一般都是角质层厚，皮下木栓化强，果实成熟后组织较坚硬的品种。栽植过密，修剪不当而造成通风透光不良的果园也易发生此病。

二、桃炭疽病

（一）为害状

桃炭疽病为害果实和新梢。幼果染病后，呈暗褐色，发育停滞，萎缩硬化；稍大的果实染病时，初在果面上产生绿褐色水渍状斑点，病斑渐次扩大、凹陷、呈浓化；果实在近成熟期染病，起初果面发生淡褐色小斑，逐步扩大成圆形或椭圆凹陷病斑，并继续向外扩展，以致后期几乎被红色粗质物所覆盖。病果腐烂，终致脱落或干缩成僵果固着在枝上。

枝梢初发病时产生绿褐色水渍状病斑，后渐变褐色，边缘带赤褐色，表面涌出粉红色孢子团。由于染病枝条两侧生长不均匀，病梢多向一侧弯曲，当发病严重时病梢枯死。病梢上的叶片尤其先端上的叶片，多以主脉为轴向正面卷转，甚至卷成筒状。

（二）病原及发生规律

桃炭疽病菌属担子菌亚门炭疽菌属的一种真菌。病菌以菌丝在病枝或病果内越冬。第二年春季遇到适宜的温、湿度时（平均气温 10℃～12℃，相对湿度 80% 以上），病菌随风雨传播而侵染新梢，造成初次侵染，以后在新生的病斑上产生病菌（分生孢子）进行再次侵染新梢和果实。此病为害时间很长，在桃树整个生长季节里都可以侵染为害。在桃树开花及幼果期由于低温多雨有利于发病，果实成熟期则以温暖多雨多雾的条件发病严重。果实发病主要在果实第一次迅速生长期，其次为采前的果实膨大期。一般管理粗放，留枝过密，土壤黏重，果园低洼，排水不良，树势衰弱时发病严重。早熟和中熟品种发病重，晚熟品种发病较轻。

三、桃疮痂病（黑星病）

（一）为害状

桃疮痂病主要为害果实，也能为害枝梢和叶片。果实初发病时，果面出现暗绿色小斑点，后逐渐扩大，发病严重时病斑聚合成片，果面粗糙。至果实接近成熟时，病斑呈紫黑色或黑红色。病菌的侵染只限于表皮，病部停止生长，随果实增大，病面往往龟裂。果梗受害，果实常常早期脱落；枝梢受害时，起初在表面产生浅褐色椭圆形斑点，病斑边缘为紫褐色，后期病斑变成紫色或黑色并进一步扩大，病部隆起，常由病斑处产生流胶现象，在病斑表面密生一些黑粒点。病斑只限于表皮，病斑下面形成木栓细胞。因此，表面的角质层与底层细胞脱离，但有时形成层细胞死亡，导致枝梢枯死。叶片发病多在叶背主脉之间，起初多为角形或不规则形灰绿色病斑，以后病斑正反两面均变成暗绿色、褐色或紫红色，最后病部干枯，常常脱落穿孔，严重时可以造成落叶。

（二）病原及发生规律

桃疮痂病菌是半知菌亚门黑星孢属的一种真菌。病菌主要以菌丝体在染病的新梢组织内越冬。第二年 4 ~5 月份，降雨后，开始形成新的分生孢子陆续进行侵染，分生孢子主要借雨水传播，病菌侵入后潜育期很长，在新梢和叶片上为 25 ~45 天，在果实上为 40 ~70 天。5 月间开始发病。早熟品种发病较轻，晚熟品种发病较重。该病发生与春季及初夏的雨水和温度有密切的关系，凡是这段时间多雨潮湿，病害发生就比较严重。果园地势低湿或栽植过密、枝叶繁茂而郁闭的果园易发病。

四、桃缩叶病

（一）为害状

桃缩叶病主要为害叶片，间或为害嫩枝及幼果。侵染嫩叶时从芽鳞抽出即呈现症状，病叶之部分或全部皱缩扭曲，其扭曲皱缩的程度逐渐随叶片展开而加重。病部肿大，叶肉肥厚，质脆，起初呈灰绿色，后变红色。其后病部表面生出一层灰白色粉状物，以后病叶变褐色至深褐色，干枯脱落。叶片脱落后，腋芽常萌发抽出新生叶片，这种新叶因为发生较晚，天转暖，不利于病菌侵染。因此，新叶不再受害。枝梢受害呈灰绿色或黄色，较正常枝条短，而且比较粗肿，顶端叶片常丛生，发病严重时枝条逐渐向下枯死，甚至有的大枝或全树枯死。幼果染病，初期产生黄色或红色病斑，微隆起，随着果实增大，病斑渐变褐色，后期病果发育呈畸形，果表常有龟裂和疮痂。较大的果实受害，果实变红色，茸毛脱落，果面光滑，病果易脱落。桃树被蚜虫为害，叶片虽然也呈红色卷曲，但与缩叶病有区别，蚜虫为害的叶片不肿大反而瘦小，向后卷缩特别明显，而且不产生灰白色粉状物。

（二）病原及发生规律

桃缩叶病菌是子囊菌亚门中一种外囊菌属的真菌。病菌主要以芽孢子或子囊孢子附着在芽鳞片外表和芽鳞片间越冬，也可以在粗树皮缝隙中越冬。当桃树萌芽时，越冬孢子也同时萌发产生芽管，直接穿透表皮或经皮孔侵入嫩芽、幼叶，进行初次侵染，每年也只有这一次侵染。病菌侵入后，在叶肉组织内生长发育，刺激细胞大量分裂，致使病叶肥厚皱缩。至初夏时，病叶表面产生病菌孢子（子囊层释放出子囊孢子和芽孢子），传染到芽鳞片和枝干树皮上越夏、越冬。

在桃树萌芽至展叶期，低温多雨潮湿，延长了萌芽期，加长了受害侵染时间，同时也有利于病菌孢子的传播、萌发和侵染，因而发病严重。反之，早春温暖少雨干燥，则发病较轻。品种间，一般早熟品种发病重，中晚熟品种发病较轻。毛桃发病尤重。此病一般在4月上、中旬开始发生，4月下旬至5月上旬为发病盛期，6月份病害停止发展。

五、桃细菌性穿孔病

（一）为害状

桃细菌性穿孔病为害叶片、果实和枝梢。叶片发病时叶背面起初产生水渍状小圆形，不久水渍状斑点也呈现于叶片正面。病斑逐渐扩大，呈圆形或不规则形，红褐色或褐色，周围具黄绿色晕环。以后病斑干枯，周缘产生一圈裂纹，仅有一小部分与叶片相连，容易脱落形成穿孔。病斑大多产生在叶脉和叶缘附近，常常数个病斑融合成大斑，干枯脱落后形成大的穿孔。此病的发生常常造成早期落叶。

果实发病初期，果面上产生褐色小圆斑，其后逐渐扩大，稍凹陷，颜色变深，呈暗紫色，周缘呈水渍状。当病斑湿润时，常产生黄色黏质溢泌物。干燥时往往产生裂痕。

嫩枝受害后，起初以皮孔或芽痕为中心产生灰褐色水渍状圆形或椭圆形病斑，以后稍凹陷，呈褐色，最后表皮破裂，呈溃疡状。

（二）病原及发生规律

此病是一种黄单胞杆属细菌。细菌在被害枝梢的溃疡处越冬。春季溃疡是初次侵染的主要来源。夏季溃疡中的细菌，因气温高、湿度小，溃疡斑容易干燥，外围的健全组织很容易愈合。溃疡中的病菌在干燥的情况下，经过 10 ~ 13 天即死亡。而春季溃疡是在夏末至秋季落叶前形成。枝条虽被侵染，但症状不明显，直到第二年春季被侵害的枝条才变褐色，呈水渍状，渐渐形成春季溃疡。春季溃疡中的细菌可以传播侵染，即春季气温上升，病组织内细菌开始活动，在桃树开花后，细菌从病组织中溢出，借风雨或昆虫传播，从叶片的气孔、枝条和果实的皮孔侵入。此病一般在 5 月份出现。如春季温暖潮湿，可能提早到4月间出现。如春季冷、气候干燥，则发病很少。暴雨不利于细菌的传播和侵染，因为细菌大部分被冲到地面。一般年份在春、秋雨季病情发展较快，夏季干旱病情发展较缓慢。

六、桃树流胶病

桃树流胶病，包括非侵染性病害和侵染性病害。

（一）为害状

1. 非侵染的病害（生理性病害）

主要发生在桃树枝干，尤其在主干及干杈最易发生。主干发病时，在树皮或其裂口处泌出淡黄色柔软透明的树脂，树脂凝结，变为赤褐色，呈冻胶状，干燥后则成很坚硬的琥珀状胶块。病部皮层和木质变褐腐朽。因此，造成树势衰弱，叶片变黄而且细小。发病严重时，枝干枯死。有时果实也发病，由核内分泌黄色胶质，渗出果面，病部较硬，严重时破裂，不能生长发育，无食用价值。

2. 侵染性病害（真菌病害）

主要为害枝干。在一年生嫩枝上发病时，最初以皮孔为中心产生小突起，以后形成瘤状突起，当年不流胶，到第二年5月，瘤皮开裂，溢出树脂，初为无色透明稀薄而有黏性的软胶，后转为茶褐色，质地变硬呈结晶状，吸水膨胀，成为冻胶状的胶体。病部枝条粗糙变黑，并以疣为中心逐渐下陷，形成圆形或不规则病斑，其上散生小黑点。多年生枝干受害后呈现1～2cm大型的“水泡状”隆起。病菌在枝干内为害，深达木质部，受害处变褐、坏死，在枝干上病斑多时，则大量流胶，致使枝干枯死，桃树早衰。

（二）病原及发生规律

1. 非侵染病害（生理性病害）

诱发此病发生的因素十分复杂，常因地而异。一般有三方面原因：一是伤口造成，因枝干性病虫为害，如腐烂病、干腐病、炭疽病、疮痂病、穿孔病、蛀干虫害（天牛类等）、冻伤、日灼伤等造成伤口，引起流胶；二是修剪过渡，施肥不当，水分过多或不足等，人为造成伤口（机械伤口）等都会引起发病。反之，凡是桃园栽培管理好，树势健壮，病虫少，流胶病则轻。一般在4～10月，雨季，特别是长期干旱后遭逢暴雨，流胶病有加重发生的趋势。树龄大的桃树发生重，幼龄树发病轻。果实被蝽象类为害后，是果实流胶的主要原因。

2. 侵染性病害（真菌病害）

该病为子囊菌亚门中葡萄座腔菌属的一种真菌。病菌在被害枝条内越冬，通过雨水和风传播。雨天从病部溢出大量病菌，顺着枝干流下或溅附在新梢上，从皮孔、伤口侵入，成为初次感病的主要菌源。枝干内潜伏病菌的活动与温度有关，当气温在15℃时，病部即可渗出胶液。随气温上升，树体流胶增多，病情逐渐加重。在长江以南地区，一年有两次发病高峰。第一次于5月下旬至6月下旬；第二次于8月上旬至9月上旬，入冬以后流胶停止。一般侧生的枝干向地表一面重于向上的部位，直立至生长的枝干基部以上部位受害严重。日灼伤的枝干比内膛枝干严重，枝干分杈部分易积水的地方受害也比较严重。

第二节　桃主要害虫发生与为害

一、桃蛀野螟（桃蛀螟）

桃蛀野螟属鳞翅目，螟蛾科。又名桃蛀螟、桃斑螟、桃食螟、豹纹斑螟，俗称桃蛀心虫。

（一）为害状

幼虫为害果实和种子。幼虫为害桃果时，从桃果梗基部沿果核蛀入果心为害，蛀食嫩果核和果肉。果实被蛀后流出黏胶，并有大量红褐色粒状虫粪，果内也充满虫粪，使果实不发育，容易腐烂，不堪食用。俗话说“十桃九蛀”，反映此虫对桃果为害的严重性。

（二）形态特征

1. 成虫

体长10mm左右，翅展20～26mm。全体橙黄色。胸部、腹部及翅面上均具有黑色斑点，胸部背面长有鳞毛并有明显的3个黑点，前翅有23～26个黑点；后翅有15个黑点。腹部第1和3～6节背面各有3个黑点，第7节有时只有一个黑点，第2、8节无黑点，雄蛾腹部第9节末端黑色，雌蛾则无。

2. 卵

椭圆形，表面有细微圆点，初乳白色，近孵化时红褐色。

3. 幼虫

老熟幼虫体长约22mm，头暗褐色，前胸盾褐色，体色一般变化较大，一般背面红褐色，有的淡灰色、浅灰蓝色，腹部多为淡绿色。中、后胸节及第一至八腹节各有大小不等的褐色毛片8个，形成前6后2。

4. 蛹

体长约13mm，被蛹、褐色，翅芽达第五腹节，第五至七腹节背面浅绿，有深褐色突起线，线上着生小刺一列，尾片具有卷曲细刺6根。

5. 茧

长椭圆形、灰白色，茧外常附有碎屑等物。

（三）发生规律

桃蛀野螟一年发生4～5代，以老熟幼虫在桃树皮下，以及其他寄主如向日葵株和落叶、玉米、高粱秸内及石榴僵果内越冬。各代成虫发生期为：第一代为4月至6月中旬；第二代为5月中旬至7月下旬；第三代为7月下旬至8月下旬；第四代为8月下旬至9月。从9月中旬起，以老熟幼虫寻找越冬场所越冬。成虫白天和雨天不活动，静伏于叶背面，夜间活动，趋光性不强。成虫有取食花蜜的习性，以傍晚最盛，雄雌交尾和经补充营养后，开始产卵，但白天不产卵。卵散产，多产于桃果表面。每头雌虫可产卵5～29粒，卵期平均4～7天。

初孵幼虫作短距离爬行，即蛀入果内为害。幼虫蛀入桃果后一般为害15～20天，幼虫老熟后多在被害部位及其附近吐丝结茧化蛹，为害桃果的多在果内化蛹，也有在果外或果与枝间化蛹。

一般第一代幼虫为害桃果，第二代以后转移为害其他寄主，如向日葵、玉米、高粱以及棉花，此虫食性很杂，可为害100种植物。到9月份以后老熟幼虫寻找越冬场所结茧越冬。

二、黑星麦蛾

黑星麦蛾属鳞翅目，麦蛾科。

（一）为害状

小幼虫在尚未伸展的嫩叶上为害。大幼虫常在近梢端缀叶成巢，巢内有白色细长丝质通道，并杂有虫粪。一个叶巢内有时数条幼虫在一起，在巢内食害叶片上表皮及叶肉，残留下表皮，严重影响新梢生长。

（二）形态特征

1. 成虫

体长 5 ~ 6mm，翅展 16mm 左右。头顶和颊面具有褐色鳞片。体及前翅黄褐色。前翅端部 1/4 处有 1 条淡色横线，中室有 2 个黑色小斑点。

2. 卵

椭圆形，淡黄色，发亮。

3. 幼虫

老熟幼虫体长 11mm 左右。头黄褐色，侧面有深色斑纹；前胸背板深褐色；胴部黄白色，背线两侧各有 3 条淡紫色纵条线。毛片深褐色，极明显。

4. 蛹

体长 6mm 左右，红褐色，第七腹节后缘有蜡黄色并列的刺突，第六腹节腹面中部有 2 个突起。

（三）发生规律

黑星麦蛾一年发生 3 代，以蛹在杂草及其被害处越冬。第二年 4 ~ 5 月羽化为成虫。成虫产卵于叶丛的叶柄基部，单粒或几粒成堆。初孵幼虫潜伏于尚未展叶的嫩叶上为害，幼虫长大后，将几片叶缀成巢，在巢内食害叶片。一般一个叶巢内有 3 ~ 4 头幼虫，多时可达 10 ~ 20 头幼虫。幼虫性活泼，受震动后即吐丝下垂。

三、桃蚜

桃蚜属同翅目，蚜科。又名烟蚜、桃赤蚜，俗称蜜虫、腻虫等。

（一）为害状

以成虫及若虫群集在桃叶背面及嫩梢上吸食汁液。幼叶受害后，向反面横卷呈不规则的皱缩卷曲，最后干枯脱落。桃蚜能排泄大量蜜露，引起烟煤病发生，并可传播病毒病。

（二）形态特征

1. 有翅胎生雌蚜

体长 1.6～2.2mm，头、胸部黑色，腹部绿、黄绿、杏黄、赤褐色，额瘤留明显，向内倾斜；触角、足的端部及腹管均为黑色。触角丝状，较体短，6 节，第三节有圆形感觉孔 9～17 个，第五、六节各有感觉孔各 1 个。腹部背面有淡黑色斑纹。腹管细长，圆筒形，尾片圆锥形，有侧毛 3 对。翅透明，前翅中脉分 3 枝。

2. 无翅胎生雌蚜

体长 1.4～2.0mm，体似鸭梨形，触角仅第五、六节有感觉孔 1 个，第三节无。体色、额瘤、腹管斑纹、腹管和尾片等与有翅胎生雌蚜相似。

3. 卵

长椭圆形，初为淡绿色，后变黑色，有光泽。

4. 若虫

外观似无翅胎生雌虫，但体小，淡红褐色，其中有个体胸背具有翅芽，日后发育成有翅蚜。

（三）发生规律

桃蚜一年发生 20～30 代，以卵在桃、杏等核果类果树的芽腋、芽鳞裂缝等处越冬。第二年春季桃树花芽萌动时越冬卵开始孵化，花蕾待放时为孵化盛期，蚜群集在芽上为害，新梢嫩叶展叶后，蚜群则到叶背面集聚为害、繁殖。5 月间繁殖快，为害也很严重。到 6 月份桃树上的蚜虫数量逐渐减少，一部分迁至夏季寄主“十”字花科蔬菜上为害；另一部分则迁移至夏季寄主烟草上为害、繁殖。6 月中旬以后桃树、杏上的桃蚜基本绝迹，8～10 月间桃蚜又迁移至秋季寄主取食繁殖。10 月中旬以后产生性母蚜，性母蚜分有翅和无翅两型，有翅性母蚜飞到桃树上胎生无翅雌蚜，无翅性母蚜则在秋菜上胎生有翅雄蚜，雄蚜飞回桃树上与无翅雌蚜交尾，雌蚜产卵越冬。桃蚜寄主种类复杂，其越冬和早春为害桃，称为第一寄主；入夏以后迁移到烟草或蔬菜上为害、繁殖，被“侨居”的烟草或蔬菜称为第二寄主，秋后由第二寄主返回到第一寄主。因此，桃蚜的生活周期属于乔迁式类型。

桃蚜的天敌种类很多，对桃蚜的抑制作用很强，据观察，一头瓢虫或大草蛉的一生，可捕食4000~5000头蚜虫，大型食蚜蝇一天可捕食几百头蚜虫。因此，桃园内使用农药防治害虫时，应考虑到对自然天敌的保护利用。

四、桃瘤蚜

桃瘤蚜属同翅目，蚜科。

（一）为害状

以成虫和若虫群集叶背，吸食汁液。被害叶片两缘向叶背纵卷，形成绿至红色肥厚虫瘿，被卷处组织肥厚凹凸不平，严重时全叶卷曲呈绳状。

（二）形态特征

1. 有翅胎生雌蚜

体长1.8mm，长椭圆形，淡黄褐色。触角第三节有30个感觉孔，第四节9~10个感觉孔。足的腿节、胫节末端及跗节色深。额瘤、腹管、尾片与无翅胎生雌蚜相似。

2. 无翅胎生雌蚜

体长2.1mm，较肥大，深绿色或黄褐色。头部黑色、额瘤显著。触角六节，第三节后半部及第六节呈瓦状。中胸两侧有小形瘤状突起。腹部背面有黑色斑纹。腹管圆柱形，具黑色覆瓦状纹。尾片短小。

3. 若虫

近似无翅胎生孤雌蚜，但体较小，淡绿色，头部和腹管深绿色。

（三）发生规律

桃瘤蚜一年发生十余代。以卵在桃、樱桃枝梢、芽腋处越冬。第二年桃树发芽时，越冬卵孵化为干母蚜，群集于叶背为害、繁殖。严重时全叶卷曲紧缩呈绳状，终致叶片干枯而死。6 月份此虫繁殖数最大，为害最烈，并开始产有翅胎生蚜，陆续迁移至夏季寄主上（如艾）繁殖为害。直至 10 月晚秋时，产生有翅胎生雌蚜迁回桃树上产生有性蚜，雌雄交尾后产卵越冬。

五、桑盾蚧

桑盾蚧属同翅目、蚧科。又名桑白蚧、桃白蚧，俗称树虱子。

（一）为害状

以雌成虫和若虫群集固定于桃树枝条吸食汁液，偶尔也为害果实和叶片。严重时枝条上的介壳密布重叠。远看枝条呈灰白色，且凹凸不平，被害树极度衰弱，甚至造成枝条或全树干枯死亡。如一旦发生而又未即时防治，则 3 ~5 年内桃园可彻底被毁。

（二）形态特征

1. 雌成虫

介壳呈圆形，略隆起，有轮纹，灰白色或灰褐色，壳点黄褐色，位于介壳中央偏侧；虫体长约 1mm，卵圆形，扁平，橙黄或橘红色。触角短小呈瘤状，上有一根粗刚毛。头、胸不易分开，腹部分节明显，臀板较宽，末端具 3 对臀叶。口针丝状。

2. 雄成虫

介壳细长灰白色，背面有3条纵脊，壳点橙黄色，位于介壳前端；虫体长约0.7mm，翅展1.3mm，体形似瘿蚊，体色橙黄或橘红色。复眼黑色，触角10节，念珠状，上生很多毛。仅具前翅1对，翅脉1根2分叉。腹部末端有剑状的交尾器。足3对。

3. 卵

椭圆形，橘红色。

4. 若虫

初孵若虫体扁圆形，淡黄褐色。眼、触角和足俱全，能爬行。腹部末端具尾毛1对；脱皮后2龄若虫，眼、触角和足消失，尾毛消失。开始分泌介壳，雌若虫和雌成虫相似，雄若虫介壳稍长。

（三）发生规律

桑盾介一年发生2代，以第二代受精雌虫在桃树枝干上越冬。第二年春季桃树萌动时开始活动吸食为害。5月产卵于介壳下，每头雌虫可产卵百余粒，产完卵的雌虫即干缩死亡，卵期约15天。初孵的若虫在雌介壳下停留数小时后，逐渐爬出，分散活动1～2天后，固定在桃树枝条上为害。约经1周后，开始分泌出棉状白色的蜡粉，覆盖整个体表，随即脱皮，继续取食，并分泌蜡质形成介壳。雄若虫经脱皮2次为2龄，脱第二次皮后变为前蛹，前蛹再化为蛹，蛹期约1周，然后羽化为成虫，雌若虫也为2龄，脱第二次皮后，不经蛹期而直接羽化成虫，雌雄交尾后1～2天雄虫即死亡。雌成虫于7月中、下旬产卵，卵期约10天，7月下旬至8月上旬孵化为第二代若虫为害，但第二代若虫分散为害。至9月底到10月上旬出现第二代成虫，雌雄交尾后雄虫随即而亡，留下受精雌成虫在枝干越冬。

桑盾蚧的捕食性和寄生性天敌都很多。在自然条件下，对桑盾蚧均有一定的控制作用。

六、朝鲜球坚蚧

朝鲜球坚蚧属同翅目，蚧科。又名桃球坚蚧。

（一）为害状

雌成虫和若虫栖息在枝条上，终生将口针插入寄主组织内吸取树体汁液，并排出蜜状的黏液。被害树生长不良，严重时枝干枯而死。

（二）形态特征

1. 雌成虫

初期介壳质软，黄褐色。后期硬化，红褐色至紫褐色，半球形，横径4.5mm。表面皱纹不明显。

2. 雄成虫

介壳椭圆形，无色半透明，背面有龟甲状隆起线。虫体长约1.5mm，头胸部赤褐色，具翅1对。腹部淡黄褐色，末端有尾毛1对。

3. 卵

椭圆形，橙黄色。

4. 若虫

长椭圆形，背面浓褐色、腹面灰褐色，触角、足均俱，腹部末端有尾毛2条。

（三）发生规律

朝鲜球坚蚧一年发生1代，以2龄若虫固着在枝条上越冬。第二年桃树萌动时开始活动为害，不久便分化为雌、雄两性。到3月下旬雌若虫经脱皮后，体背渐膨大成球形介壳；雄若虫于4月下旬分泌白色蜡质形成长介壳，并与雌虫交尾，雄虫交尾后即死亡。5月间为害最严重。雌虫体迅速膨大，到中、下旬开始产卵，产卵期达2个月之久，每头雌虫一生可产卵平均1000多粒，最多可达2000多粒，卵产在雌体腹面，卵期约1周，于5月下旬至6月上旬为若虫孵化期，初孵若虫爬行活跃，约1~2天后，寻找适当部位（常常在枝条裂缝和枝条基部叶痕内居多），固定后即分泌白色蜡质丝覆盖体背，到6月中、下旬蜡丝逐渐融合为蜡质，包在虫体周围，此时发育缓慢，雌雄难辨别，9月若虫脱一次皮，变为2龄若虫之后进入越冬状态越冬。

朝鲜球坚蚧捕食天敌和寄生天敌种类及数量都比较多。

七、桃红颈天牛

桃红颈天牛属鞘翅目，天牛科。别名红脖子老牛，哈虫。

（一）为害状

幼虫蛀食枝干，常在韧皮部与木质部之间为害，近老熟时深入木质部向上或向下蛀食到根颈部，隧道部位呈不规则长片状，造成树干中空，输导组织破坏，从外表上看在树干基部堆积大量红褐色虫粪和蛀木的碎屑。轻者树衰，重者全树枯死。

（二）形态特征

1. 成虫

体长28~37mm。雌体大于雄体。黑色，有光泽。触角鞭状，11节，黑蓝色。腹眼肾形，围在触角基部。前胸背部棕红色，故称“红颈天牛”。背板上有4个具光泽的瘤状突起，前胸两侧各有1个短刺突起。雄虫触角比体长；雌虫触角长度与虫体略等。

2. 卵

长椭圆形，乳白色。

3. 幼虫

老熟幼虫体长约50mm，黄白色，头小，黑褐色。前胸背板扁平方形。胴部分节明显，前半部各节略呈长方形，后半部为筒形。腹部第一至七节背部生有横形肉突。足退化，属有头无足型。

4. 蛹

体长约36mm，淡黄色。裸蛹。前胸两侧和前缘中央各有突起1个。近羽化时体色为黑褐色。

（三）发生规律

桃红颈天牛2～3年发生1代。以幼虫在树干隧道内越冬。春季桃树液流动时开始活动为害。4～6月间老熟幼虫在木质部分泌物黏结木屑作茧化蛹，蛹期约20天。6～7月份成虫羽化，刚羽化的成虫先在蛹室停留3～5天，然后钻出，一般多在降雨后出现。成虫白天活动，尤其在中午前后更为常见，可远距离飞行，寻找配偶和产卵场所。每头雌虫可产卵40～50粒。卵产于桃树主干或枝干基部缝隙中，产卵时先将树皮咬一方形裂口，然后把卵产于裂口下。卵期8～9天。幼虫孵化蛀入皮层内，随着虫体增长逐渐深入蛀食。第一年多以3龄幼虫越冬，第二年幼虫继续为害。6月前后为害最严重，秋后以5龄幼虫在蛀食的隧道内越冬，第三年越冬老熟幼虫在木质部作蛹室化蛹，而后羽化为成虫。

桃红颈天牛一生大部分时间是以幼虫在树干内蛀食为害。往往有10多头不同龄期的幼虫在同一被害树生存和为害，但它们在各自的隧道内活动和为害。因此，为害面积增大，极易造成树干枯死。

第三节　桃主要病虫害绿色防控技术

一、农业防治

（一）栽培管理

据桃树需肥特点，按照“控氮、稳磷、增钾、补微”的施肥方针和“有机无机相结合，氮、磷、钾、中微合理配比”的施肥原则，及“重施基肥，合理追肥，基肥和追肥6:4”的施肥方法合理施肥，来提高桃树的树势，来增强对桃褐腐病、炭疽病、缩叶病和梨小食心虫等病虫害的抵抗能力。

（二）冬春季清园

结合桃树的整形和修剪，在当年冬采果后和第二年春季桃树萌动前，开展人工措施和药剂清园能有效降低当年病虫越冬基数。人工清园主要包括“剪、刮、耙、烧、涂”（剪：剪除病、虫枝和易引起潜伏的枯枝、荫枝和树干上抽生出的不定梢；刮：刮除老、翘树皮；耙：清理地面枯枝、落叶、落果；烧：将剪、刮、耙收集到的残枝、病叶、落果等堆积起来点火燃烧后就地深埋；涂：用石灰，食盐，兑水调成糊状涂抹树干）。药剂清园：可选用73%炔螨特、98%机油乳剂和石硫合剂、松脂合剂等进行药剂清园。

二、理化诱控技术

利用卷叶蛾、金龟子等鳞翅目、鞘翅目成虫对光的趋性，在桃园可按每30～50亩安装1台太阳能杀虫灯实施灯光诱杀；利用桃蚜等害虫对色板的趋性，在桃园可按每亩悬挂15～20张黄板实施色板诱杀；利用食心虫、卷叶蛾、潜叶蛾等鳞翅目的雌成虫的趋化性，在桃园可按每亩悬挂1～2个性诱剂装置实施对雌成虫的诱杀，也可按红糖∶米醋∶酒∶水＝0.5∶1∶1∶10的比例自制成糖酒醋液进行诱杀。

三、生物防控

近年来，我国在桃园实施的最普遍、效果较好的是“以虫治虫”的生物防控技术，保护和释放七星瓢虫、龟纹瓢虫、草蛉、食蚜蝇、蚜茧蜂等天敌，或选用阿维菌素、苦参碱、印楝素等生物农药防治桃害虫。

四、科学用药

桃树病虫害防治重点是流胶病、炭疽病、疮痂病、干腐病、褐腐病、黑星病、疮痂病、细菌性穿孔病，以及叶螨类、食心虫类、介壳虫类、蚜虫类、卷叶蛾、潜叶蛾、叶蝉、天牛等。化学防治应注意以下几点：选用安全药剂。化学防治应以预测预报为依据，严格防治指标，确定防治适期，坚持“采收后防治为基础，花露红时防治为重点，套袋前防治是关键，套袋后防治保叶片”。在药剂选用上，首选生物农药和植物源农药，其次选用高效低毒低残留化学药剂。注意轮换用药，科学配药。严格执行农药安全间隔期。

（一）桃萌芽至开花期

该时期，在桃芽露红时喷1次50%退菌特可湿性粉剂、80%代森锰锌可湿性粉剂等药剂防治桃缩叶病，选用10%吡虫啉乳油等药剂防治桃蚜。

（二）果实第1次膨大期

该时期，从谢花后子房膨大开始到果核木质化以前，是当年产量形成的重要时段。这段时间各种病虫害开始为害。有的病虫已进入发生初盛期至盛期。如蚜虫类（吡虫啉、啶虫脒)、蚧壳（螺螨酯、20%甲维·吡丙醚悬浮剂等）类、叶蝉类（虫螨嗪、呋虫胺)、桃蛀螟（30%唑虫酰胺或氯虫苯甲酰胺悬浮剂）越冬代卵已经孵化等，是病虫防治的关键时期。在农药防治上可在以下几个时期用药：一是谢花后；二是落花后7~10天；三是落花后半个月；四是5月中旬等，这段时间加强病虫预测预报，主要害虫有：蚜虫类、蚧壳虫类、桃蛀螟；病害有：缩叶病、疮痂病（同柑橘)、穿孔病（细菌性和真菌性)，另外还要注意瘿螨为害造成的畸果等。可选用的杀菌剂有：50%扑海因可湿性粉剂1500倍液；80%代森锰锌可湿性粉剂可湿性粉剂；50%多菌灵600倍液；200单位农用链霉素。杀虫剂有：10%吡虫啉可湿性粉剂2000倍、25%噻虫嗪水分散粒剂8000~10000倍、52.25%氯氰·毒死蜱乳油1000~1500倍液、48%%毒死蜱乳油1500~2000倍液。

（三）果实硬核期

这段时期病虫害种类与果实第1膨大期相似。到6月中旬以后，如没有防治好的果园、应加强桃疮痂病、穿孔病、褐腐病和桑盾蚧等蚧类以及食心虫（桃小食心虫)、桃蛀果蛾的监测。如果已达到防治指标，应即时防治，药剂可用果实第1次膨大期的药剂。

（四）果实第2次膨大期

这段时间主要对象应是疮痂病、褐腐病，如果有卷叶发生的果园，应注意防治。

第六章　葡萄主要病虫害发生与绿色防控

根据《中国果树病虫志》，我国葡萄有病害 34 种。其中真菌病害有 29 种，细菌病害 1 种，非侵染性病害 4 种。影响葡萄生产的病害以炭疽病、白腐病、黑痘病和霜霉病为害最重，前 3 种危害果穗、果粒，后 1 种危害叶片。葡萄害虫有 135 种，分属 9 个目，44 科。其中鞘翅目和鳞翅目害虫占主要，分别为 41 种和 40 种。其中的病害为最重要。

第一节　葡萄主要病害发生与为害

一、葡萄炭疽病

葡萄炭疽病又名晚腐病。病害多在成熟期发生，故得此名。

（一）为害状

葡萄炭疽病主要发生在果粒、穗轴、花穗、叶片、卷须和新梢等部位。但主要为害果粒。果粒的症状为幼果期表面呈现黑色、圆形、蝇粪状病斑。但病斑的典型是从着色期开始，此时果粒柔软、多汁、含糖量增加，病斑扩大较快。病果最初出现圆形稍凹陷、浅褐色病斑，有的病斑扩大到半个果面，此时病果粒表面密生小黑点。当天气潮湿时，排出红色黏质孢子块。随着病情的发展，病果逐渐干枯，最后变成僵果。美洲葡萄品种的病果粒脱落，果柄仍残留树上，但欧洲葡萄品种的病果粒多不脱落，整穗僵葡萄仍挂树上。

叶的症状主要在叶脉和叶柄上出现椭圆形病斑，深褐色。叶的病斑一般不多，对树叶也无明显的影响，也不致引起落叶。

（二）病原及发生规律

葡萄炭疽病菌有性阶段属子囊菌亚门的围小壳菌，但不常见；无性阶段属半知菌亚门的果生盘长孢菌，但比较常见。病菌主要从菌丝在结果母枝、穗抽、卷须与附着在树上的僵果等部位越冬。病枝与健全枝外观无区别。病菌潜伏在皮层最多。病枝经过雨淋湿后形成大量孢子，病菌形成孢子的温度范围为15℃～32℃，最适温度为25℃～28℃。孢子借雨滴分散开，落到新梢、叶、幼果上，进行侵染。幼果上孢子在果面萌发，芽管先端长出附着胞，10日后穿入寄主，菌丝通过皮层进入表皮细胞，直至果粒成熟，这就是潜伏浸染现象。果粒到了着色期，病菌侵染多，通常经过4～6月的潜伏期出病斑，在果面上出现许多绯红色孢子块，内藏许多孢子。孢水借风雨水飞溅而侵入果穗内其他果粒，并同时也侵染旁边及附近果穗。由于病果汁溢出，招引其他昆虫汇集，也传播病害。

由于幼果期果汁含糖量低，不利于病菌生长。因此，只形成潜伏浸染。到果粒成熟期含糖量增加，使病菌迅速生长，病斑也迅速扩大直至果粒腐烂，是病害严重发生期。

葡萄炭疽病多发生于下层果，尤以靠近地面的果粒发病较严重，弱株发病重，生长正常或生长旺盛的植株发病较轻。日灼也有利于发病。

葡萄炭疽病在多雨、高湿天气配合炎热（25℃～30℃）的环境条件，病害最容易流行。尤其7～8月雨季潮湿，是此病流行的时期。品种间与此病有关系，我国栽培的大多葡萄品种均感此病，一般是皮薄的品种发病重，早熟品种发病轻，中、晚熟品种发病重。

二、葡萄白腐病

（一）为害状

葡萄白腐病主要为害果穗、叶片和枝蔓。果穗先发病，穗轴出现浅褐色长条病斑，像水烫，用手轻压，随即破坏，闻之有酒糟味。接着病斑扩展到果粒。穗轴感病，全穗果粒受影响，小穗感病则部分果粒受影响。病果呈水渍状，浅褐色，很快由局部扩大至全果粒，果面密生灰色小点。此时遇风雨或田间作业时碰撞，病果很容易脱落，严重时地面布满一层，这是白腐病发生的最大特征。不脱落的病果粒，逐渐干缩成僵果。

叶的症状多在植株生长的中后期，果穗发病以后才出现叶缘或破伤部位，呈大型稍圆的浅褐色病斑，有同心轮纹。病部容易破裂。枝蔓的症状一般发生在破伤部位，如新梢与铅丝摩擦之处或摘心部位。开始时病斑呈水渍状，色泽逐渐变为黑褐色，表面密生小黑点。

（二）病原及发生规律

葡萄白腐病菌属半知菌亚门的白腐盾壳霉菌的一种真菌。病菌生活史有两个明显的阶段，即短期的寄生阶段和长期的土壤内休眠阶段。夏天雨滴把土壤颗粒飞溅到果穗上，土粒上附有病菌分生孢子，于是引起侵染。初次侵染源是来自土壤中的病菌，果园作业也有可能将土壤中的病原菌带到果穗上。病菌通过伤口侵入果穗，但也可以直接侵入穗轴和果柄。

病菌分生孢子在通过伤口侵入果粒后，至病斑出现一般要3～4天，有些品种要经过10天才出现病斑，这与品种、气温关系很大，如果温度在24℃～27℃，相对湿度在80%以上，病菌侵入到表现出病斑只需很短时间。6～8月份，由于是雨季、高温有利于病害发生，这段时间是发病高峰期。

果穗感病最敏感的部位是果穗的前端及其小分枝的先端，其次为中分枝，中穗轴发病较轻；双立架栽培的较单立架感病重，这是因为双立架栽培透风条件差。

葡萄白腐病和葡萄炭疽病是引起烂穗的主要病害，白腐病比炭疽病发病早，在幼果期就开始，到后期两病并发大流行，引起严重的损失。生长后期罹病的果粒、穗轴和新梢脱落于地面，病菌开始漫长的休眠时期，在土壤的病原菌分生孢子可存活2～3年。如果在干燥条件下可以存活10年以上。这些分生孢子多分布在土壤1米以内的土层。

三、葡萄黑痘病

（一）为害状

黑痘病主要为害叶片、花穗、果穗、新梢和卷须等部位。叶片感病后，在叶脉两旁、叶内产生水渍状小点，逐渐变成明显的褐色斑点。斑点不规则，后期斑点中心组织枯死并脱落，形成空洞。斑点沿叶脉发展并形成空洞，这是黑痘病最明显的特征。

花穗受害后，花蕾呈现浅褐色小斑而枯死，果粒也呈现浅褐色小斑而枯死。小穗轴和主穗轴感病时，常使小穗轴上的果粒或全穗果粒枯死。果粒稍微长大后感病，病斑随着幼果长大而长大，最后形成圆形，病斑周缘呈褐色，中央灰白色，病、健部分界明显。

新梢受害后呈现豆粒大的溃疡，稍隆起，后期龟裂，严重时后期枯死。

（二）病原及发生规律

葡萄黑痘病无性阶段属半知菌亚门的葡萄痂圆孢菌，有性阶段属子囊菌亚门的葡萄痂囊腔菌。病菌以菌核在新梢和卷须的病斑上越冬，第二年春季气温在2℃以上和连续潮湿的条件下，菌核便会产生大量的分生孢子。此后，一旦遇到降雨，把孢子传播到植株绿色幼嫩的部位，即可萌芽，引起初次侵染，此时如有游离水，便可侵染，侵入后有一定的潜育期，如果温度在21℃～26℃时，病害发生最适宜、潜育期就很短。孢子萌发形成芽管，通过表皮侵入，向内部组织蔓延。

葡萄园地面越冬的僵病果，也可以成为初次侵染源。

温度和湿度是影响病害发生的主要环境因素。病菌靠雨水传播，病斑表面也只有经过水分湿润后才能形成分生孢子，春夏雨水多是形成分生孢子的最佳条件，所以春夏雨水多的年份发病重。5月份正值葡萄开花前后，这段时间雨水比较多，有利于黑痘病的发生。天气干旱不利于病害发生。葡萄幼嫩阶段容易发病，长大老化后不易发病。在植株生长后，只限于副梢上的幼叶和二次果发病，正常的大叶、大果粒一般不表现症状。

四、葡萄霜霉病

（一）为害状

葡萄霜霉病侵染植株幼嫩部分，特别是叶片。叶片受害后，病部呈油渍状、角状、淡黄色至红褐色，仅限于叶脉。发病3～4天后，病斑部位反面形成幼嫩密集白色似霜物，这是本病的特征。严重时叶片脱落。

幼嫩的果粒高度感病，感病后果色变灰，表面布满霜物。

果粒长到2cm时，一般不染病，到果粒成熟时很少发病，但感染的果梗可以传染给老果粒。

（二）病原及发生规律

葡萄霜霉病菌属鞭毛菌亚门的葡萄生单轴霉菌是一种低等真菌，是专性寄生菌。病菌主要以卵孢子在落叶中越冬。冬季暖和的地方，菌丝体也可附着在芽上或挂在树上的叶片上越冬。卵孢子可随腐烂叶在土壤中存活2年。春季气温达11℃时，卵孢子在水中萌芽，产生孢子囊，经过雨水溅射，传播到叶片，从叶片背面气孔侵入。菌丝体在叶片细胞内蔓延，以吸器伸入细胞吸收养分。只要条件适宜，在生长期内病菌不断地进行重复侵染，到了七八月发病达高峰。生长后期，在病部组织中产生卵孢子越冬。

凡是增加土壤湿度和空气湿度，均有利于霜霉病的发生。因此，降雨是引起病害流行的主要因素。如果冬天潮湿，春天也潮湿，夏天温和，再加上每8~10天有一场暴风雨，这种天气的年份十分有利于霜霉病的发生和流行。

果园地势洼，栽植过密，栅架过低，管理又粗放，园内通风透光条件差，偏施氮肥，刺激抽发新梢，秋后枝叶过茂，组织成熟后，则发病重。一般美洲种葡萄较抗病，欧洲种葡萄则较感病。

五、葡萄白粉病

（一）为害状

白粉病主要为害葡萄的果粒、叶片、新梢及卷须等绿色幼嫩组织。以果实受害损失最大。叶片受害时，最初产生细小、淡色的霉斑，以后逐渐扩大呈灰白色，酷似尘埃或白粉。叶片的正反面和大小叶片均可感病。有时叶片正面感病呈现褪绿或发亮的斑点，似霜霉病的初期症状。幼嫩和伸展中的叶片感病后变扭曲，且发育缓慢。

叶柄和穗梗在整个生长季节均可感病，感病后组织变脆。绿色新梢感病后呈现黑褐色至黑色羽绒状斑，而后冬眠枝的表面变成红褐色。

花穗在开花前和开花后感病，会引起坐果不良和相当程度的果品损失。果实受害，在果面产粉状霉层，擦去霉层后，果面有褐色斑纹。幼果期受害，果实会萎缩脱落。果实稍大时受害，表皮细胞死亡而变褐，果实停止生长、硬化、畸形，有时开裂，味极酸。后期病果干枯或腐烂。

（二）病原及发生规律

葡萄白粉病菌属子囊菌亚门的葡萄钩丝壳菌，是一种专性寄生菌。病菌以菌丝在葡萄冬眠芽内，或以闭囊壳在植株残体上越冬。第二年葡萄萌芽后，病菌重新活动，以白色菌丝覆盖新梢，并产生大量分生孢子，被风传播到邻近植株上。

病菌的扩散，温度似乎是主要限制因素。病菌最适合侵染和蔓延的温度是20℃～27℃，超过35℃会抑制病菌的发育和侵染。大气相对湿度40%～100%都适合病菌的侵染发展。5月中、下旬叶片和新梢开始感病，6月中、下旬果粒发病，并有硬果和裂果现象。幼叶和幼果易感病，老叶和果实着色后，很少发病。植株过密，管理粗放，通风透光条件不好有助于白粉病的发生和为害。

六、葡萄灰霉病

（一）为害状

春季植株的芽和嫩梢感病后变成褐色，而后变干。开花前感病，在一些叶片上出现大型红褐色不规则的坏死斑，病斑常在叶脉边缘发生。

开花前病菌可侵染花穗，引起腐烂、干死并脱落。落花后病菌常在枯萎的帽状体、雌蕊和发育不全的果粒等部位发病。病菌从这些部位再进一步侵害果柄和穗轴，形成褐色至黑褐色小型病斑。夏天，这些病斑完全包围果梗和穗轴，使果穗部分萎蔫并脱落。

（二）病原及发生规律

葡萄灰霉病属半知菌亚门的灰葡萄孢菌。病菌在一些地方秋天在枝蔓或僵果上形成菌核越冬，也有以菌丝在树皮和冬眠芽上越冬。无论是在哪个部位和以什么形式越冬的病菌，到第二年夏天，菌核和菌丝体产生分生孢子，借风雨传播到叶片和幼嫩的花穗上，进行初次侵染。病菌的侵入有的从伤口处侵入，如虫伤或被白粉病为害过的，或被鸟伤等造成的伤口，在某些情况下，花期的后期，也可以通过柱头和花柱侵染，这些侵染，在葡萄着色前，侵染仍是潜隐的，一直到着色后才大量表现出症状。

七、葡萄褐斑病

（一）为害状

葡萄褐斑病只为害叶片。两种症状：大褐斑病病斑，最初出现不规则或角状病斑，有时有弯曲轮廓，初期为暗褐色，后变赤褐色。病重时许多病斑融合在一起，叶正面的病斑周缘清楚，但反面的模糊。病叶最初在植株下部，特别是位于荫蔽处的叶片上出现，随着病组织变黑而脆；小褐斑病病斑，叶表面产生黄绿小斑点，逐渐扩大呈圆形病斑，斑点边缘色泽较深，暗褐色，中央部位则为茶褐色至灰褐色，病斑部位叶背出现灰黑色霉层，有明显的粉状物。严重时许多病斑融合在一起，形成大型斑纹。

（二）病原及发生规律

大褐斑病菌属半知菌亚门的拟尾孢菌，小褐斑病菌属半知菌亚门的座束梗尾菌。两种病菌主要以菌丝体和分生孢子在落叶上越冬。第二年初夏长出新的分生孢子梗，产生新的分生孢子。新、旧分生孢子借风雨传播，到达叶面，由气孔侵入，引起初次侵染。发病通常是从下部叶片开始，逐渐向上部叶片蔓延。病菌侵入寄主后，经过约 20 天，环境条适宜时，又可不断地重复侵染。雨水多、湿度大的年份发病重；肥力不足，管理差的果园发病也较重。

八、葡萄根癌病（冠瘿病）

（一）为害状

葡萄根癌病一般发生在葡萄的根、根颈和老蔓上。初期病部形成愈伤组织状的癌瘤，稍带绿色或乳白色，质地柔软。随着瘤体的长大，逐渐变成深褐色，质地变硬，表面粗糙。瘤的大小不一，有的数十个小瘤簇生成大瘤，老熟病瘤表皮龟裂，在阴雨潮湿天气易腐烂脱落。并有腥味，受害植株由于皮层及输导组织被破坏，植株生长不良，叶片小而黄，果穗少而小，果粒不整齐，成熟期也不一致。病株抽芽少，长势弱，严重时整株干枯死亡。

（二）病原及发生规律

葡萄根癌病属细菌性病害。病菌在土壤中越冬，条件适宜时，通伤口（剪口、嫁接口、机械伤、虫伤等）侵入植株。雨水和灌溉是本病主要传播的媒介，苗木带菌是该病远距离传播的主要方式。细菌侵入后，刺激周围的细胞加速分裂，形成肿瘤。细菌的潜育期很长，从几周至 1 年以上。5 月下旬开始发病，6月下旬至8月为发病高峰，9月以后形成新瘤。温度适宜、降雨多、湿度大，癌瘤发生量也多。土壤黏重，地下水位高，排水不良以及碱性重的土壤发病重。切接芽比芽接菌发病重。起苗定植剪根、田间作业伤根，以及冻伤，都有助发病。玫瑰香、巨蜂等品种高度感病。

九、葡萄寄生性线虫病

葡萄寄生性线虫病，很长时间对这类害病未予注意，因为线虫病为害根部，其症状表现不明显。其表现植株生长不旺和弱化，易被人们忽视。种类较多，有根结线虫、剑线虫、针线虫、根腐性其他线虫。本书只重点介绍根结线虫。

（一）为害状

根结线虫类似葡萄其他线虫病原引起的症状。植株地面部分无特殊症状，主要为生长不良，着色差，对逆境反应敏感等，从而降低产量。这些情况容易和缺水、缺肥等现象混淆。根系症状是幼嫩的吸收根或次生小根上发生细小的肿胀或小瘤，多次侵染则形成较大的瘤。瘤破裂分开时，用放大镜看见细小、闪光、白色的成熟雌虫。

（二）病原及发生规律

根结线虫对葡萄生产有重要意义的有4种：南方根结线虫、爪哇根结线虫、北方根结线虫和泰晤士根结线虫。线虫通常是随着苗木传入新区，一旦进入某处土壤内，将是永久的。雌虫体外产卵，多数在一基质中藏有数百个卵。基质通常位于根外，但也有的位于根内，四周完全被根组织包围。自孵出成为2龄幼虫，这些幼虫迁移至新的部位取食，通过皮层后，成为静止的内寄生物。植物对线虫取食反应是形成多核的“大细胞”。幼虫不进一步取食，迅速脱皮3次，变成雌成虫，呈梨形。从卵到成虫约需 25 天。线虫主要在基质中的卵内发育为幼虫越冬。根结线虫多是孤雌生殖。雄虫在土壤中很少见或没有。雄虫生活史和雌虫第三龄以前相同。线虫在果园内蔓延，或随感染植株根或栽培管理措施扩展到新区。

第二节　葡萄主要害虫发生与为害

一、葡萄透翅蛾

葡萄透翅蛾属鳞翅目，透翅蛾科。

(一) 为害状

幼虫蛀入嫩梢或 1 ~ 2 年生枝蔓内蛀食，受害部位膨大肿胀如瘤。蛀孔外有褐色粪粒。严重时嫩梢枯死，枝蔓干枯死亡，受害后的枝蔓叶片变黄，枝蔓易被风吹折断。

(二) 形态特征

1. 成虫

体长 18 ~ 20mm，翅展 25 ~ 28mm。全体黑色，带蓝色光泽。前翅红褐色，前缘及翅脉黑色，中央半透明。后翅半透明，后缘黑色。腹部背面有 3 条黄色横带。

2. 卵

椭圆形，略扁平，紫褐色。

3. 幼虫

老熟幼虫体长 38mm。头红褐色，胴部黄白色，紫红色，圆筒形。前胸盾有一倒“八”形纹。

4. 蛹

体长 18mm，红褐色。

（三）发生规律

葡萄透翅蛾一年发生1代。以老熟幼虫在葡萄枝蔓内越冬。越冬幼虫于5月间化蛹，化蛹前先在被害枝蔓侧面咬一圆形羽化孔，以丝封闭。蛹期10天左右。成虫于5月下旬至6月上旬羽化，羽化时蛹壳常露出孔外一部分。一般葡萄开花盛期为成虫羽化盛期，约20天后，雌雄交尾产卵，白天产卵，卵散产于葡萄枝蔓上的叶腋、叶片、果穗、卷须、嫩芽等处，以叶腋和叶片上最多。每雌一生可产卵100粒左右，卵期8～13天。初孵幼虫先取食嫩叶、茎蔓，然后蛀入嫩茎中，一般多从嫩梢的叶腋或叶柄基部蛀入，蛀入孔常有粪便。叶柄被蛀害，叶片凋萎；节间被蛀害，颜色变紫，易于识别。幼虫蛀入枝蔓内后，先向嫩蔓先端方向蛀食，致使蔓梢很快枯死，幼虫则转向新蔓基部方向蛀食，被害部肿大，新蔓逐渐枯死，影响结果。幼虫常有转蔓为害的习性。7月中旬以后幼虫食量增大，蛀入2年生老蔓，10月以后幼虫继续向葡萄老蔓或主干蛀食，此时幼虫食量最大，为害也最重，常使较大的枝蔓枯死或折断。老熟幼虫多在1～2年生枝蔓内越冬。

二、葡萄天蛾

葡萄天蛾属鳞翅目、天蛾科。

（一）为害状

幼虫将叶片食成缺刻和孔洞，稍大时将叶片食完仅残存部分粗脉和叶柄。

（二）形态特征

1. 成虫

体长45mm左右，翅展85～100mm。体肥大呈纺锤形。体、翅茶褐色，触角短、栉齿状。胸腹部背面有1条灰白色纵线，腹面呈红褐色。前翅有 4 ~ 5 条茶褐色横线，内外横线较宽。后翅黑褐色，前后翅反面红褐色。

2. 卵

球形，表面光滑，淡绿色，孵化前淡黄色。

3. 幼虫

老熟幼虫体长 70 ~ 80mm，绿色，背面较淡，腹部各节有浅黄色斜纹和黄色颗粒状小点。第八腹节背面中央有一锥状尾角，向下方略弯，青绿色，末端红褐色。

4. 蛹

体长 45 ~ 55mm，灰褐色。

（三）发生规律

葡萄天蛾一年发生 1 代。以蛹在落叶中或土表下越冬。第二年 6 月成虫羽化，7 月上旬为羽化盛期。成虫产卵在叶背和嫩梢上，每头雌虫可产卵 400 ~ 500 粒，卵期约 7 天，幼虫夜间取食，白天静伏。6 ~ 9 月为害最严重，幼虫期 40 ~ 50 天，到 9 月下旬幼虫老熟后在土壤中或落叶中化蛹越冬。

三、葡萄虎蛾

葡萄虎峨属鳞翅目，虎蛾科。

（一）为害状

幼虫主要为害叶片，严重时也能咬断幼穗的小穗轴和果柄。

（二）形态特征

1. 成虫

体长 18 ~ 20mm，翅展 44 ~ 45mm。头胸及前翅紫褐色，体、翅上密生黑色鳞片，前翅中央有肾形纹和环状纹各 1 个，后翅橙黄色。腹部杏黄色，背面有一列紫棕色毛簇。

2. 幼虫

老熟幼虫体长约 40mm。头部黄色、有明显的黑点。胸、腹背面淡绿色，前胸背板及两侧黄色，体表每节有大小黑色斑点，疏生长毛。

3. 蛹

体长 18 ~20mm，红褐色，尾端齐，左右有突起。

（三）发生规律

葡萄虎蛾每年发生 2 代。以蛹在葡萄根部附近土内越冬。第二年 5 月中旬开始羽化为成虫。成虫产卵在叶片上，散产。成虫和幼虫白天隐伏在叶缘，叶背或杂草丛内，夜间才取食、交尾和产卵。成虫有趋光性。6 月下旬越冬代幼虫开始孵化，初孵幼虫取食嫩叶；7 月中旬化蛹，7 月中旬至 8 月上旬出现当年（第 1 代）成虫，8 月 ~9 月为幼虫为害盛期。幼虫老熟入土化蛹越冬。

四、葡萄虎天牛

葡萄虎天牛属鞘翅目、天牛科。又名葡萄枝天牛，葡萄虎斑天牛。

（一）为害状

幼虫为害葡萄枝蔓。幼龄幼虫多在芽的附近蛀入皮下，被害处变黑，幼虫粪便堵塞在蛀孔道内而不排出；较大的幼虫多向枝梢方向蛀食，受害枝条呈现枯萎，并容易被风吹折断。

（二）形态特征

1. 成虫

体长 15mm，头部和虫体大部分黑色，前胸红褐色，略呈球形，体表密生小黑点。鞘翅黑色，合并时基部有“X”形黄白色纹；鞘翅近末端有 1 黄色横带。腹部腹面有 3 条黄白色纹。

2. 卵

椭圆形，乳白色。

3. 幼虫

老熟幼虫体长 17mm，头小，无足，体淡黄褐色。前胸盾宽大，淡褐色，后缘有一“山”字形凹钩纹。中胸至第八腹节的背面均有椭圆形肉质突起，全体粗生细毛。

4. 蛹

体长约 12mm，淡黄白色，裸蛹。

（三）发生规律

葡萄虎天牛每年发生 1 代。以幼虫在被害的枝蔓内越冬。第二年 5 ~6 月份越冬幼虫开始活动为害，先在越冬部位蛀食，然后转向枝梢为害，致使新梢枯萎。7 月份幼虫老熟后在被害枝内化蛹，蛹期约 10 天左右，8 月份出现成虫，成虫寿命 7 ~10 天，白天活动交尾产卵，卵多产在芽鳞缝隙内或芽与叶柄之间，一般选择直径约 6 ~ 10mm 粗的蔓上产卵，卵散产，卵期约 1 周左右，初孵幼虫从芽部蛀入蔓内，先在皮下为害，被害部表皮变黑，稍隆起；随着幼虫不断长大，蛀食逐渐深达木质部，直至入秋以后，幼虫即在被害枝内越冬。

五、葡萄十星叶甲

葡萄十星叶甲属鞘翅目、叶甲科。又名葡萄金花虫，俗称花大姐。

（一）为害状

幼虫为害叶片。初孵幼虫密集在近地面的叶片上食害嫩叶基部，3 龄以后分散到植株上部食害嫩芽和叶片，老龄幼虫食量很大，常吃光叶片，仅存粗大叶脉，成虫也食叶及芽。

（二）形态特征

1. 成虫

形似瓢虫，体长 12mm，体土黄色。头小、大半缩入前胸内。鞘翅宽大，前缘超过体外，上布细密刻点。每个鞘翅上各有圆形黑色斑 5 个，两个鞘翅共 10 个，故十星叶甲。

2. 幼虫

体长约 8mm 左右，土黄色。中、后胸背面有横排黑斑两行，每行有黑斑 4 个。腹部每节亦有黑斑两排，前排 4 个，后排 6 个。体侧突起显著，近气门的两行黑色斑突起。

3. 蛹

近长方形，金黄色。长约 7mm。腹部各节背面有黑褐刺 4 根。

（三）发生规律

葡萄十星叶甲一年发生 1 代。以卵在葡萄植株附近落叶下及各树干基部土缝隙内越冬。第二年 5 月中旬越冬卵孵化，爬到嫩叶上取食为害。5 月底 6 月初幼虫老熟化蛹。6 月中旬左右成虫羽化，交尾产卵。7 ~ 8 月份成虫羽化继续为害，雌雄交尾产卵越冬。

卵黏成块，不易分开。初孵幼虫密集在附近地面的叶上食害嫩叶和嫩芽。幼虫有假死性，多在早晨 6 ~ 8 时及傍晚取食。成虫也有取食芽和叶片的习性，发生量大时，成虫、幼虫同时存在，在这情况下受害严重。老熟幼虫在葡萄根部周围土内 3 ~ 7cm 深处管土室化蛹。蛹期约 10 天。成虫羽化时间以上午 6 ~ 8 时为最多。白天取食、交尾，再经 8 ~ 9 天开始产卵。一头雌虫一生可产卵 200 ~ 1000 粒。成虫受触动后，自胸前方膜质部流出黄色恶臭液体。成虫寿命为 60 ~ 100 天。

越冬卵孵化、幼虫入土化蛹、成虫羽化出土，都与土壤湿度有很大的关系。如果土壤干燥不利卵孵化和成虫出土，如果土壤湿润则有利此虫的发生。

六、葡萄斑叶蝉

葡萄斑叶蝉属同翅目，小叶蝉科。又名葡萄小叶蝉，别名葡萄二点小浮尘子等。

（一）为害状

以成虫、若虫聚集在叶片背面吸食汁液。严重时叶片苍白甚至焦枯、脱落。影响果实成熟和花芽分化。

（二）形态特征

1. 成虫

体长2～2.6mm，加上翅长为2.9～3.3mm，全体黄白色。头顶上有2个明显的圆形斑点，复眼黑色。前胸背板前缘有几个淡褐色小点，大小变化较大，有时消失，中央有暗色纵纹，小盾片前缘左右各有一个大三角形黑纹。翅半透明，黄白色，有不规则的淡褐色斑纹，斑纹的浓淡及有无，在个体间有变化，其中黄白型居多。

2. 卵

乳白色，长椭圆形，稍弯曲。

3. 若虫

初孵化时白色，老熟时黄白色，体长约2mm，胸部两侧可见明显的翅芽。

（三）发生规律

葡萄斑叶蝉一年发生2～3代。以成虫在葡萄园落叶、杂草及石块下越冬。第二年葡萄发芽前，越冬成虫开始出蛰，先在杂草、间作植物上活动、取食，以后到发芽早的其他果树（桃、苹果、梨）上取食汁液，葡萄展叶后又转移到葡萄为害。到4月下旬以后，越冬成虫开始产卵，卵散产于叶背面叶脉或茸毛中。第一代若虫发生在5月中、下旬，6月上旬为第一代成虫发生期；6月中旬出现第二代若虫，6月下旬至7月为第二代成虫发生期。到8月出现第三代成虫。从全年种群数量发生情况看，以5月下旬第一代若虫发生期比较集中，此后世代重叠，各虫态并存。到10月以后成虫陆续进入越冬场所越冬。

葡萄斑叶蝉成虫多在叶背活动为害，数量多时也会在叶正面活动为害。气温低时活动力不强，气温高时多在树冠间上下跳跃。一般树冠郁闭，通风不良，杂草丛生的果园发生比较重。

七、斑衣蜡蝉

斑衣蜡蝉属同翅目，蜡蝉科。

（一）为害状

此虫食性杂，寄主有20多种，尤以果树中葡萄受害最重。成虫和若虫吸食枝蔓和叶片的汁液，严重时造成叶片穿孔、破裂，枝条变黑。其排泄物落于枝叶和果粒上，引起霉菌寄生变黑，影响光合作用，降低产量和质量。

（二）形态特征

1. 成虫

体长15～22mm，翅展45～52mm，雄虫略小。体褐色，附有白色蜡粉。头顶向上翘起，呈突角状，复眼黑色，向两侧突起。触角3节，鲜红色、歪锥状，基部膨大。前翅革质，基部1/3为淡褐色，上布黑色斑点10～20个，端部黑色，脉纹淡白色。后期基部鲜红色，上有黑点数个，中部白色，端部黑色。

2. 卵

圆柱形，卵粒平行整齐排列成块状，每块卵约有 40 ~ 50 粒，其上覆盖有灰色土状的蜡质物。

3. 若虫

体扁平。1 ~ 3 龄若虫体黑色，有许多小白点，4 龄后的若虫体呈红色，有黑点，翅芽显露。

（三）发生规律

斑衣蜡蝉每年发生 1 代，以卵在葡萄枝蔓、架材和树干、枝杈等部位越冬。第二年 4 月陆续孵化。若虫常群集于嫩茎、嫩叶背面为害，脱皮 4 次后，于 6 月下旬出现成虫，8 月中、下旬雌雄交尾产卵越冬。若虫性活泼，受惊扰即跳跃逃避，从 4 月下旬到 10 月，田间先后均有若虫和成虫为害，成虫寿命可达 4 个月之久，成虫于 10 月下旬以后逐渐死亡。成虫和若虫都有群体性，弹跳力很强，成虫受惊可猛跳跃达 1 ~2 米远。

第三节　葡萄主要病虫害绿色防控技术

影响葡萄生产的主要是病害，害虫比病害造成的损失要轻得多。因此，葡萄园病虫绿色防控的重点是针对病害。葡萄病害中又以炭疽病、白腐病、黑痘病和霜霉病为主。四川盆地内，在葡萄生长季节里，天气比较潮湿，上述几种病害尤为严重。其次是白粉病、褐斑病等，白粉病在一些较干燥地区的某些年份发生也较重，褐斑病是由于中熟葡萄品种在采收后忽视喷药防治，招致病害蔓延，引起早期落叶。

葡萄病害的绿色防控措施，主要加强果园管理，配合药剂防治。

一、农业防治

（一）栽培管理

加强栽培管理，增强树势，提高抗病虫害能力，这是一项行之有效的措施。

结合施肥，可以减轻病虫来源，而葡萄的植株的养分，主要靠冬季施的有机肥即基肥。如果植株不施肥，必将削弱树势，减轻抗病力，炭疽病、褐斑病发生的机会就多，为害就重。由于需要钾肥量大，如能适当施用，既能改善果粒质量，对植株有利，又能提高抗病能力，搞好果园排水设施，使雨水能从水沟排出，减少果园积水和果园湿度，能使病菌不易蔓延至周围，也能营造出不利于各种病虫发生的生态环境；根据品种特性和土壤情况，适当留结果母枝，使新梢能均匀地分布于架面。阳光能充分照射植株，这就减少了各种病害的诱发。同时还要及时进行打副梢、绑蔓等，这项作业最好在喷药前进行，能使药液充分地分布在植株各个部分；成年树早春刮树皮，可以将一些害虫除去，如蚧类，刮后喷石硫合剂或波尔多液可湿性粉剂，可以彻底把虫子杀死，也可兼治褐斑病菌过冬的分生孢子。

（二）冬春季清园

许多病虫都在果穗、枝条、卷须和树叶上越冬。这些器官常残留在株上或挂在卷丝上或落在地面上。如炭疽病、黑痘病、霜霉病、白粉病、褐斑病等和葡萄斑叶蝉、葡萄透翅蛾、葡萄天蛾、葡萄虎蛾以及葡萄虎天牛等。冬春季清园，减少病虫基数。

冬季修剪时，要尽量剪除这些病虫枝蔓等器官，修剪后，要把这些残体清除出果园，集中烧毁；冬季翻地、可将一些地里越冬病虫除掉，如葡萄白腐病、金龟子类和叶甲类等病虫害。

二、理化诱控技术

利用金龟子和天牛等害虫对光的趋性，在葡萄园可按每30~50亩安装1台黑光灯或太阳能杀虫灯实施灯光诱杀，也可按红糖:米醋:酒:水=0.5:1:1:10的比例自制成糖酒醋液诱杀果蝇。

三、生物防控

近年来，我国在葡萄园实施的最普遍、效果较好的生物防控技术就是“以虫治虫”，即保护和释放七星瓢虫、龟纹瓢虫、草蛉、食蚜蝇等天敌能基本上控制当年葡萄根瘤蚜等害虫数量。

四、科学用药

休眠期施用铲除剂，消灭越冬病虫害。所谓铲除，就是选择病虫薄弱环节，喷射较强的杀虫杀菌剂，把潜伏的病原菌杀死，减少来年病菌侵染的机会。因为葡萄在休眠期抗药力强，在生长期，叶片和果粒对药剂都比较敏感，易产生药害，所以选择药剂时尽量避免选择可湿性粉剂和可湿性粉剂两种剂型的药剂。

（一）休眠期

可用波美3~5度石硫合剂清除在植株上越冬的黑痘病、炭疽病等多种病原菌，以及蚧类、瘿螨等越冬害虫。

（二）生长期

施用保护剂，由于四川在生长期雨水多，各种病害比较多，从开花后到采收前半个月，应以防治病害为主，在叶蝉较多的果园可以将杀虫杀菌剂混用，兼治病虫害，病害的主要对象有炭疽病、白腐病、霜霉病、灰霉病、白粉病和褐斑病。开花前（5月上旬以前），根据病情可用1:(200～240）波尔多液或80%代森锰锌可湿性粉剂600～800倍液或25%醚菌酯悬浮剂1500倍或40%嘧霉胺悬浮剂2000倍或10%苯醚甲环唑水分散粒剂3000倍或30%苯甲·丙环唑3000倍或50%多菌灵500倍液保叶；在果粒生长期，要喷药保果，药剂用上述品种。中熟品种采后，要喷药保叶，可用58%甲霜·锰锌可湿性粉剂600倍液3.6%活性硅钼酸钠水剂4000倍液。

第七章　枇杷主要病虫害发生与绿色防控

第一节　枇杷主要病害发生与为害

一、枇杷炭疽病

枇杷炭疽病在国内各枇杷产区均有发生，是果实主要病害，特别是温暖多雨年份，对产量损失很大。

（一）为害状

主要为果实和叶片。叶片上的病斑圆形或近圆形，多发生在叶片边缘，病斑中央赤褐色或灰白色，边缘暗褐色，病斑直径3～7mm，病健交界处明显。后期病斑扩展连成大病斑，赤褐色，微具轮纹，易脆裂，病部着生许多小黑点，即病菌的分生孢子盘。果实发病主要在成熟阶段，病斑初期近圆形，暗褐色或褐色，水渍状，病健部交界不明显。后期病斑大且凹陷，稍具轮纹，上生粉红色的黏粒，即病菌分生孢子团。

（二）病原及发生规律

枇杷炭疽病菌无性阶段属半知菌亚门。有性阶段属子囊菌亚门。无性阶段分生孢子盘生于果表皮下，菌丝体在皮下组织的细胞间隙中集结，形成分生孢子盘，黑色，圆盘状，中间凸起，分生孢子梗棍棒状，分生孢子圆筒状。

病菌以菌丝体或分生孢子在病果及病叶上越冬，翌年春季产生大量的分生孢子，借风雨或昆虫传，萌发芽管侵入叶片和果实。凡条件适宜，全年都可产生大量的分生孢子，枇杷炭疽病一般有潜伏浸染的特点。4～5月份果实成熟期，是此病的主要发生期。如果在此段时间内降雨次数多，持续时间长，则孢子的产生和传播就大，易使该病流行。枇杷园管理粗放，偏施氮肥，少施或不施磷钾肥，发病则重。土质黏重，土层浅，有机质含量少，地下水位高，排水不及时，发病亦重。叶果组织受伤如虫伤重发病也重。

二、枇杷灰斑病

枇杷灰斑病是一种发生普遍的病害，各枇杷产区均有此病发生。

（一）为害状

此病主要为害叶片，果实也可受害。叶片染病后初呈淡褐色圆形病斑，后渐变为灰白色，表面干枯，常与病部组织分离，多个病斑愈合成不规则大斑，后期表面着生黑色小点，即病菌的分生孢子盘。病健部交界处明显，严重时叶片提早脱落，枯斑易破裂。果实染病后，产生紫褐色圆形病斑，病斑稍凹陷，上面也散生小黑点，严重时果实常腐烂。一年四季均可发生。

（二）病原及发生规律

枇杷灰斑病菌也称枇杷拟盘多毛孢灰斑病，属半知菌亚门。分生孢子盘多生于叶片正反两面，初埋生，后突破表皮外露。分生孢子纺锤形。

病菌以分生孢子及菌丝体在病叶和病果的残体上越冬，次年春季气温适合时，菌丝萌发产生分生孢子，新生的分生孢子和越冬后的分生孢子，均通过风雨传播，进行初次侵染。病菌从叶片侵入，产生病斑，以后又不断产生分生孢子，进行再侵染。此病一年四季均可发生和为害，该病的发生与栽培管理有关。施肥不足或不当，造成土层浅薄，可诱发灰斑病的发生。枇杷园地下水位高，排水不良，树冠郁闭，通风透光差，灰斑病发生严重。

三、枇杷圆斑病

枇杷圆斑病，又称枇杷斑点病。

（一）为害状

该病主要为害叶片。病斑圆形或近圆形，病斑初期为褐色至灰褐色，后变灰色，边缘紫褐色，病健部交界处明显，后期中央灰色，病斑上着生许多黑色小粒点即病菌的分生孢子器。病斑多个斑融合成不规则的大斑，致叶片枯死。

（二）病原及发生规律

枇杷圆斑病菌属半知菌亚门。分生孢子器球形，暗褐色。无分生孢子梗，分生孢子长椭圆形，无色。

病菌以菌丝和分生孢子器及分生孢子在病叶中越冬。翌年3~4月遇降雨或潮湿天气，产生分生孢子，通过风、雨或昆虫进行传播，从嫩叶气孔伤口侵入，成为初次侵染源，为害叶片。发病后病部又不断产生大量的分生孢子进行再侵染。枇杷树生长弱，水肥跟不上，发病重。

四、枇杷污叶病和煤烟病

枇杷污叶病和烟霉病在各枇杷产区均有发生。这两种病均能影响光合作用，阻碍枇杷生发育。

(一) 为害状

污叶病主要为害叶背，被害叶面失绿呈紫黑色不规则的病斑，病健交界处不明显，叶片背面病斑圆形或不规则，黑色，后呈煤烟色粉状物绒层，严重时病斑融合，波及全叶致叶片严重污染；煤烟病主要也为害叶片，有时为害叶柄，小枝。叶片正面布满灰色至黑色霉层。

(二) 病原及发生规律

枇杷污叶病菌属半知亚门。称污叶刀孢菌。菌丝匍匐于叶背，分生孢子梗菌丝状，具隔膜，不易与菌丝区别，分生孢子鞭状或丝状，基部略膨大，暗褐色具隔膜 6~15 个，病菌只产生分生孢子。

枇杷煤烟病菌属半知菌亚门，称散播烟霉。菌丝体由短形厚壁菌丝细胞构成，匍匐表生于寄主叶片上，轻擦即掉，分生孢子梗丛生，暗褐色至污黑色，有分枝，分隔多。分生孢子顶生或侧生，褐色，形态变化大。有椭圆形的，有呈不规则的包裹状，具纵隔膜，分隔处明显缢缩，单生或不规则串生成链状。

枇杷污叶病菌以菌丝及分生孢子在病叶上越冬，来年由此进行初次侵染和再侵染。从早春一直到晚秋，几乎整个生育期都可发病；枇杷煤烟病菌以菌丝，分生孢子或有性阶段煤炱属或小煤炱属，属子囊菌亚门，子囊孢子越冬。并以此为来年初次侵染源。当叶片或枝条上有或介壳虫及寄主本身的分泌物，易诱发烟霉病的发生。

这两种病在枇杷园管不好，树势弱，枝叶过密，通风透光差，湿度大的果园发病亦重。

五、枇杷褐斑病

枇杷褐斑病在我国枇杷栽植区普遍发生，引起落叶，严重影响枇杷产量和质量。

（一）为害状

主要为害枇杷叶片，叶片病斑近圆形至不规则形，暗褐色至灰褐色。子实体生于叶片正面和背面，但叶面居多。

（二）病原及发生规律

枇杷褐斑病菌属半知菌亚门，称枇杷假尾孢褐斑病。子座生于叶表皮下，近球形，褐色。分生孢子梗排列紧密，浅青黄色，直立或弯曲呈微波状，不分枝，顶部圆锥形，具隔膜 0～1 个。分生孢子圆柱形，近无色，直立或略弯曲，顶部钝，具隔膜 2～9 个。

枇杷褐斑病菌以菌丝在病叶上越冬。翌春病落叶被雨水湿润后产生大量分生孢子，随雨水传播，从叶片正背面侵入，进行初次侵染。病害的发生和流行，与每年的雨水多少和分布状况有关，春雨多，秋季雨水早，发病重。该病在温暖地区，该病菌终年都可以产生分生孢子，通过雨水传播，进行多次重复侵染。树势衰弱，树冠郁闭，结果过量，地势低洼，排水不良以及喷药防治不时，均能明显加重病害的发生。

六、枇杷灰霉病

枇杷灰霉病主要发生阴湿多雨的地区。

（一）为害状

主要为花和果实。在花期和果实成熟期发生。枇杷开花期遇阴雨天气，最易感染灰霉病，使花轴变褐呈软腐状烂烂。果实染病后，使果实病部呈褐色，腐烂。在花穗和果实病部上面均着生灰色霉层，即病菌的子实体。

（二）病原及发生规律

枇杷灰霉病菌属半知菌亚门。分生孢子梗褐色，树枝状分枝。在分枝末端集生圆形、无色、单胞的分生孢子。

枇杷灰霉病菌以菌丝体及分生孢子在花器和幼果病部越冬。通过气流传播。在花期由于正是秋雨不断，阴雨天多，田间湿度大，发病则重，如果在这种花期受灰霉病为害严重，相应地在田间越冬菌量大，来年4月果实成熟期受此病侵染的机会变多，如果加上果实成熟期，又遇多雨天气，使果实发病更严重。反之，秋季在枇杷开花期，遇少雨、干旱天气，花穗（花轴）受害轻，果实发病程也相对轻。

七、枇杷疫病

枇杷疫病在国内各枇杷产区均有分布。

（一）为害状

此病主要为害接近成熟的果实。果实染病后，局部或全果呈水渍状褐色病斑，不凹陷，病部与健部分界不明显，其症状与灰霉病有相似之处，后期致整果腐烂，潮湿时果面病部着生白色稀疏霉层，即病原菌的子实体。

（二）病原及发生规律

枇杷疫病病菌属鞭毛菌亚门。一种低等真菌。游动孢囊梗无色，有隔膜，每个孢囊梗生有十多个孢子囊。孢子囊柠檬形，无色或稍淡黄色，顶端有乳突，脱落后基部带一小柄，萌发时一般形成游动孢子，自顶端自乳突逸出，藏卵器球形，无色，壁薄而光滑。雄器绝大多数围生，少数侧生，无色。卵孢子球形，无色或淡黄色，壁光滑。

病菌以卵孢子在病果和果梗及土壤中越冬，翌春在高湿条件下萌发产生孢子囊并形成大量游动孢子，通过风雨和昆虫传播，游动孢子侵入枇杷果实，成为初次侵染源。一般侵染过程很短。经5分钟即可侵入，在25℃条件下从侵入到出现症状，只需1天时间，因此再侵染机会就频繁，在生产上易经常流行。4～5月果实接近成熟时发病，果实越近成熟发病就越重。

八、枇杷胡麻叶斑病

枇杷胡麻叶斑病，是枇杷苗期发生的常见病害，各枇杷产区均有此病分布，主要为害叶片。

（一）为害状

病斑圆形，椭圆形或多边形，直径3～9mm。受害叶片呈胡麻斑点状，棕褐色，病部和健部交界处明显。后期病斑连片，引起叶枯。病斑上着生许多黑色小点，即病菌的分生孢子盘。

（二）病原及发生规律

枇杷胡麻叶斑病菌属半知菌亚门。

病菌以分生孢子盘和菌丝体在病叶上越冬，翌年产生新的分生孢子，通过风雨传播，为害新叶。此病俗称“苗瘟”，是苗期叶片的主要病害。该病一年中均能为害，苗期春梢受害最重，是全年发病的高峰期，个别苗圃受害相当严重。苗圃地低洼，排水不良，过密容易发病，轻者引起落叶，影响生长势和嫁接苗成活率，严重者引起苗木大量死亡。

九、枇杷芽枯病

（一）为害状

主要为害芽、新梢、嫩叶及果实。芽染病后，变为褐色，不再伸长，造成侧芽簇生。嫩叶染病新叶的中肋呈褐色病斑，弯曲畸形。果实染病，病斑黑褐色，表面龟裂。有时枝干也受害。呈黄褐色不规则病斑，后现同心轮纹状，并露出木质部。

（二）病原及发生规律

枇杷芽枯病菌属细菌。菌体杆状，极生鞭毛，在牛肉培养基上菌落乳白色，革兰氏染色阴性，可使明胶缓慢液化，不水解淀粉，不能还原硝酸。

病菌在叶部或枯枝病斑内或随病残体遗落土中越冬，成为翌年初次侵染源。病菌借雨水溅射作近距离传播。病菌经由伤口或自然孔口侵入，远距传播主要通过带菌苗木调运进行传播。在生长季节中，病菌不断借雨水溅射进行重复侵染，蔓延扩大为害。梅雨季节，高温多湿季节和在偏施氮的情况下，有利于病害的发生和流行。

十、枇杷生理性病害

（一）裂果

1. 为害状

在果实着色至成熟阶段，出现纵向裂果，并引发烂果。因果出现裂口，商品价值降低。

2. 原因

为生理性病害。果实着色以后，由于果实膨胀迅速，如遇连降大雨，或以晴后突降大雨，果实过渡吸收水分，使果肉细胞加速膨胀，遂将外果皮胀破，露出果肉和果核。裂果与品种也有一定的关系，有的品种果实在着色前后易发生裂果，而绿果期不易发生裂果，果实完全着色后裂果也很少发生。

（二）日灼

1. 为害状

新叶和着色期的果实，由于强光照射叶面和果表，叶面失绿成黄绿斑状，果面，果肉遭日烧造成局部细胞失水焦枯，形成黑褐枯干凹陷的病斑，果肉干燥而黏着果。往往因果实日灼而导致炭疽病的发生，致果实商品价值大为降低。

2. 原因

为生理性病害。原因是高温、烈日直射下，阳面叶片和果面及果肉遭日灼而造成。西向坡植株的叶片和果实易遭烈日直射，日灼程度就大，不同品种由于果实着生部位和叶片宽窄的差异，日灼程度不同。树势强状，枝叶茂盛的植株日灼程度较轻，同一植株，上层着生的果实易伤害。果实转色前后的气候高低直接关系到日灼的发生程度，此时如果遇到早上浓雾，而后烈日的天气，中午前后气温高达30℃以上，果面的温度可达32℃以上，就会发生严重的日灼现象。

（三）皱果

1. 为害状

枇杷成熟前后，由于某种（不明）原因，果实失水，果皮皱缩，发生皱果。不但果实重量减轻，更重要的是外观难看，商品价值大大降低。

2. 原因

为生理性病害。由于枇杷果实采收前，气候反常温差大或部分品种本身的特性，使部分果实采收前发生皱缩。其原因与品种有关，品种间抗皱能力有差异。一般是含糖量高，肉质细嫩的品种易发这皱果现象，过迟采收也容易发生皱果。果实成熟前遇长期低温多雨，采收前又突遇高温干旱，空气湿度低，又刮大风，会明显增加皱果的数量。此外，果园土壤瘠薄，缺乏微量元素及结果过多，也较容易发生皱果现象。

（四）果锈

1. 为害状

初期多在果实基部形成细条状或斑点状红褐色诱斑，随果实的膨大而逐渐扩大整个果面。

2. 原因

为生理性病害。幼果形成期遇低温、高湿和强的直射阳光，导致果皮表面茸毛基部细胞损伤，木栓化，而形成锈斑。在一株树上树冠外侧的果实比树冠内膛的果实发病多，而且阳面果实受害亦重。严重影响果实外观，降低果品的经济价值。品种间发病也有一定的差异。

（五）栓皮果

1. 为害状

幼果开始感病，其初期症状果面呈油漆状，色泽比未受害部位深绿发暗。果面上的茸毛和蜡质大多半落。随着果实的发育，病斑逐渐呈木栓化干燥，黄褐色。到果实成熟时，果面的健部为橙黄色，而病部则呈黄褐色栓皮斑疤，并有燥裂的细屑。病斑为不规则形块斑，病果皮变脆，撕皮易断。栓皮果为幼果局部果面受霜冻后而形成，果面凝霜融化时，由于果面局部温度的急剧降低，致果皮细胞冻伤，冻伤部位愈合后形成栓皮，细微的机械伤也会导致栓皮果。被害果外观差，严重影响商品价值。出现霜冻的年份发生多。果园地势低洼，树冠外侧的果实发生较多，同时多数发生在背阳面。

第二节 枇杷主要害虫发生与为害

一、枇杷黄毛虫

枇杷黄毛虫，属鳞翅目，灯蛾科，又名枇杷黄瘤蛾。

（一）为害状

枇杷黄毛虫，幼虫食害枇杷嫩芽、嫩叶，发生猖獗时也食害老叶，使整个植株仅剩叶脉，以致植株死亡。

（二）形态特征

1. 成虫

灰白色，有银光。雌虫体长 9 ~ 9.5mm，翅展 20 ~ 22.5mm，雄虫体长 8.5 ~ 9mm，翅展 19 ~ 20mm。头顶生白色长鳞毛，触角丝状，灰黑色。复眼大带灰褐色。下唇须密被黑色鳞毛，且向上弯。前胸颈板与中胸两侧肩板，密被灰白色鳞毛。前足灰黑色，中、后足色较淡。前足胫节无距，中足胫节端部有长短不齐的距一对，后足胫节近中部及末端均有距一对。前翅灰白色，内外二横线黑色，亚外缘线浓黑色呈不规则锯齿状，在外横线与亚外缘线之间杂生黑色鳞片。外缘毛灰色，密而短，中央横列 7 个黑点，呈锯状，中室中央有一小丛高起的褐色鳞毛。后翅淡灰色，近基部外色更淡，翅缰黑褐色，雌蛾 3 条，雄蛾 1 条。翅外、后缘镶有灰色鳞毛，后缘毛较长。

2. 卵

近圆形，直径 0.6 ~ 0.65mm，初产时浅黄白色，有光泽，后渐变为淡黄色，卵壳上有纵走弯曲的刻纹（在扩大镜下观察）。

3. 幼虫

初孵化时乳白色，前端较大，末龄幼虫体长 22 ~ 23mm，体近圆筒形略扁，体背黄色，腹面草绿色，圆形而小，黄色，缩于前胸下，胴部第 2 节至第 11 节上均具毛瘤 3 对，背面的一对上生 12 ~ 15 根粗短的黄色毛，但第 3 腹节背面上的一对为蓝黑色毛，有光泽，而且较大，这是幼虫的最主要特征。两侧 2 对毛瘤，以气门上方较大，毛亦较粗，气门下方的毛瘤大小与背面的相等。各毛瘤上的短毛均作放射状排列。胸足 3 对，腹足趾钩为单序中带，向腹中线弯曲。

4. 蛹

近椭圆形，体长 8 ~ 11mm，胸宽 2.8 ~ 3.8mm。初化蛹时为黄色，后变淡褐色，最终呈赤褐色，背面隆起，腹面平坦，由胸部至腹部第 4 节较宽大，两侧几近平行，以下各节逐渐狭小，腹部背面以第 4 节最长，第 7 腹节两侧呈瘤状突起。

5. 茧

体长约 15mm，上面隆起，下面平坦，茧质紧密，里面有一白色坚韧的膜状丝层，外面色泽随结茧场所而变化。

（三）发生规律

枇杷黄毛虫一年发生世代数，因各地气候不同而异。一年发生 4 ~ 5 代左右。第一代发生于 3 月中旬至 4 月中旬；第二代发生于 5 月上旬至 6 月上旬；第三代发生于 6 月中旬至 7 月下旬；第四代发生于 8 月下旬至 9 月下旬，第五代发生于 10 月以后。根据枇杷物候期看，第一代发生于枇杷幼果膨大期和春梢抽生阶段；第二代发生在夏梢抽生和采果期；第三代发生于在采果后期至花芽分化初期；第四代发生在初花期和秋梢期；第五代发生于花期。以蛹紧密的茧中附于寄主老叶背或枝干上越冬，翌年 3 月中下旬陆续开始羽化。成虫寿命 2 ~ 10 日，每雌一生产卵 30 余粒，其产卵多少常与气温有关，气温在 35℃以上，产卵很少，甚至不能产卵而死亡。卵散产于嫩叶背面的绒毛中。卵期 3 ~ 7 天。幼虫孵化后咬食卵壳，约经 1 ~ 2 小时后转向叶片为害，1、2 龄幼虫多群集于新梢嫩叶的正面取食。3 龄以后分散为害，且食量大增，当食尽嫩叶以后便转害老叶，嫩茎表皮、花和果。幼虫蜕皮 4 次，共 5 龄。

二、苹掌舟蛾

苹掌舟蛾又名枇杷舟蛾，又称枇杷天社蛾，别名舟形毛虫。属鳞翅，舟蛾科。

（一）为害状

除为害枇杷外，还为害苹、梨、杏、桃、山楂等。初龄幼虫啃食叶肉，仅留表皮呈网状叶脉，大龄幼虫把叶片吃成缺刻或食光紧留下叶柄，是一种暴食性害虫，严重影响树势。

（二）形态特征

1. 成虫

体长 22 ~ 25mm，翅展 49 ~ 52mm。头胸部淡黄白色，腹部背面雌虫土黄色，雄虫浅黄褐色，末端均淡黄色，复眼球形黑色。触角黄褐色，丝状，雌虫触角背面白色，雄虫各节两侧均有微黄色茸毛。前翅淡黄色有 2 个醒目的暗灰褐色斑，一个在中室下近基部，圆形，外侧衬黑褐色半月形斑，中间有一红褐纹相隔，另一个在外缘区呈带形，两斑之间有 3 ~ 4 条模糊的黄褐色波浪形线。

2. 卵

球形，初产时淡绿色，后变成灰色。

3. 幼虫

老熟幼虫体长约 55mm 左右。头、前胸盾、臀板均为黑色。胴部紫黑色，背线和气门线及胸足均黑色，亚背线和气门上下线均紫红色。气门上下线生有许多黄色的长毛簇。

4. 蛹

体长约 29mm，黑褐色。腹部末节背板光滑，前缘具 7 个缺刻，腹末有臀棘 6 根，中间 2 根较粗，外侧个 2 根常消失。

（三）发生规律

苹掌舟蛾一年发生 2 ~ 3 代，以蛹在树冠下的土壤中越冬。翌年 5 月上中旬开始羽化，成虫多在夜间羽化，雨后的拂晓左右出土最多，成虫白天潜藏在树冠叶片中或杂草堆中，夜间活动，趋光性强。雌虫交尾后经 1～3 天开始产卵，卵成块状产于叶背，常数十粒至百余密集成块，每雌平均产卵 300 余粒，最多可达 600 粒，卵期 6～13 天。初孵幼虫多群集叶背，不吃不动。早晚和阴天群集叶面边缘，头向叶缘排列成行，吃食时，自叶缘向内啃食叶肉。3 龄以后逐渐分散取食和转移为害，白天多栖息于叶柄或枝条上，夜间取食。低龄幼虫遇惊扰或振动时，成群有吐丝下垂的习性。4 龄以前食量小，4 龄以后食量剧增，具有暴食特性，严重时将叶片吃光。幼虫蜕皮 4 次，共 5 龄。

三、枇杷象甲

枇杷象甲，属鞘翅目，卷象科。

（一）为害状

成虫啃食幼嫩叶片，将叶片咬成缺刻和孔洞，嫩茎也可受害，茎受害后枝梢表皮被啃成一个个凹槽，伤口呈黑褐色，严重时枝梢萎蔫下垂。老叶受害，将主脉咬成段节，影响水分输送。幼虫蛀害果实，致果早黄，蛀孔处变褐，可致全果腐脱落。

（二）形态特征

1. 成虫

体长（不含喙）5～6mm，宽约 2mm，除喙、复眼、触角、胫节、跗节和爪黑色外，其余均为枇杷黄色，稍具光泽，全体被黄色茸毛。头近三角形。触角呈膝状弯曲，雄性触角着生于喙端 1/3 处，雌性触角着生于喙中部两侧，喙扁粗，等于或稍长于头，与前胸背板等长。前胸背板近椭圆形，光滑，疏布细刻点绒毛。背板中央具一条凹沟。小盾片三角形，极细小。前足基节粗大，中、后足基节细微，跗节 2 节，具毛垫，

第2节深裂呈2叶状，具爪1对。鞘翅面有刻点沟7条，沟内刻点较大。后翅膜质，灰黑色。

2. 卵

乳白色，卵圆形，光滑。

3. 幼虫

头黑褐色，全体淡橘黄色，体长8~10mm。无足，头小体粗，向腹弯曲呈“C”形。各体背面有2个相等的横瘤突。气门深褐色。

4. 蛹

初乳白色，后转为乳黄至黄色，体长4.8~5.5mm。

(三) 发生规律

一年发生1代，以老熟幼虫在土壤中越夏越冬。第二年3月上旬化蛹，3月下旬至4月上旬成虫羽化出土，成虫出土后飞至或爬至枇杷树上食害嫩叶。4月下旬至5月成虫产卵于枇杷果上。成虫产卵前在果腰处或果脐附近将果皮咬成产卵孔，把卵产在其内，每个孔产卵1~2粒，然后再分泌黏液封口。幼虫孵化后在果内蛀食，先食果肉，再食种子。到枇杷成熟时，幼虫也老熟便从孔口钻出或随落地果脱出，入土越夏越冬。成虫期较长，从6月下旬到7月初，仍可在夏梢上见到成虫。成虫产卵期约2个月，每头雌虫可产卵近100粒。

四、褐带长卷叶蛾

褐带长卷叶蛾属鳞翅目，卷蛾科。

(一) 为害状

幼虫卷缀芽梢嫩叶并在其中食害。咀食叶肉，留下一层表皮，形成透明斑。随着虫龄的增大，食叶量大增，卷叶苞可多达10片叶，蚕食成叶和老叶，并能蛀果，造成落果。

（二）形态特征

1. 成虫

体长 6 ~ 10mm，翅展 16 ~ 30mm，暗褐色，头顶有浓黑褐色鳞片。前翅基部黑褐色，中带宽黑褐色由前缘斜向后缘，顶角常呈深褐色。后翅淡黄色。雌性翅长，超出腹部甚多。雄性翅短仅遮盖腹部。

2. 卵

椭圆形，长约 0.8mm，淡黄色。

3. 幼虫

体长 20 ~ 23mm，头与前胸盾黑褐色至黑色，头与前胸相接处有 1 较宽的白带，体黄色至灰褐色，前、中足胸黑色，后足淡褐色，具臀栉。

4. 蛹

体长 8 ~ 12mm，黄褐色。

（三）发生规律

一年发生 4 ~ 5 代，以幼虫在卷叶苞内越冬。翌年 4 月越冬幼虫化蛹、羽化。幼虫趋嫩且活泼，受惊即弹跳落地，老熟后常留在叶片正面，每雌平均产卵 330 粒，呈鱼鳞状排列成块，上覆薄薄一层胶质，每雌可产 2 块。芽叶稠密发生较多，5 ~ 6 月间雨多湿度大有利于此虫的发生。秋季干旱发生较轻。褐带长卷叶蛾幼虫天敌较多。

五、白囊蓑蛾

白囊蓑蛾，属鳞翅目，蓑蛾科。

（一）为害状

幼虫咬食枇杷叶片成孔洞缺刻，严重时蚕食整个叶片。

（二）形态特征

1. 成虫

雌虫体长 9～14mm，无翅。雄虫体长 8～11mm，体淡褐色，密布白色长毛，翅透明。

2. 卵

圆形，米黄色。

3. 幼虫

细长，头黑褐色，有黑色点纹，胸部背板灰黄白色，有暗褐色斑纹。

4. 蛹

雌蛹长筒形，雄蛹纺锤形，深褐色。

5. 护囊

细长，灰白色，外表光滑，由丝织成，质地致密。

（三）发生规律

1 年发生 1 代，以老熟幼虫在枝上的护囊内越冬。3～4 月化蛹，5～6 月成虫羽化，6 月上中旬产卵，6～10 月为害枇杷严重，幼虫取食至 11 月份在护囊内越冬。

六、茶蓑蛾

小蓑蛾属鳞翅目，蓑蛾科。又名小蓑蛾。

（一）为害状

幼虫吐丝将咬碎的叶片连缀成护囊，取食枇杷叶片成孔洞或缺口，还能剥食树皮，啃食果皮。

（二）形态特征

1. 成虫

雌虫体长 15～20mm，米黄色，无翅。胸部有明显的黄褐色斑，腹部肥大，第 4～7 节周围有蛋黄绒毛。雄虫体长 10～

15mm，翅暗褐色，体密被鳞毛，胸部有2条白色纵纹。

2. 卵

椭圆形，米黄色。

3. 幼虫

体长16～28mm，头黄褐色，胸部各节有4个黑褐色长形斑，排列成纵带。

4. 蛹

纺锤形，头极小。

5. 护囊

长25～30mm，护囊处附有较多的小枝梗，呈平行排列。

(三) 发生规律

一年发生1～2代，1年1代区，以老熟幼虫在护囊内越冬。翌年4月下旬化蛹，5月中成虫产卵，6月上旬幼虫开始为害。6～7月为害最重，一直为害至10月越冬；一年2代区，以3～4幼虫越冬，翌年2～3月开始为害，5月上旬化蛹，5月中旬成虫羽化，6月上旬出第1代幼虫，8月下旬至9月上旬为第2代幼虫发生和为害，取食至11月上旬进入越冬。

第三节 枇杷主要病虫害绿色防控技术

枇杷适栽地区雨量都较充沛，气候温暖，因此枇杷的病虫害种类较多，为害严重，致树衰减产，质量差。枇杷树是当年开花着果次年成熟。因此，枇杷树病虫防治技术措施与其他果树病虫害有不同之处，就枇杷树周年生长发育过程中，病虫发生情况虫害重于病害。食叶性害虫和蛀果类害虫为害较重，另外9～11月间枇杷花穗腐烂在生产上也是一个严重的问题，引起花穗腐烂的原因有致病的，虫害为害的和生理原因。笔者按照枇杷物候期时间序列编制枇杷病虫绿色防控技术。

一、农业防治

（一）栽培管理

选择抗病虫品种。在冬季应每年进行翻耕，由于某些地下害虫在树盘基部或土壤中越冬，如梨小食心虫。通过翻耕破坏其生存环境，从而减少虫源，同时，要理顺排水沟，做到旱能灌，湿能排，降低园内湿度，减少病菌滋生，有利根系生长。枇杷可以在春、夏、秋 3 季修剪，一般要遵守春适时、夏宜早、秋宜晚的规则。一般，在采果后也要剪除过密枝、光腿枝、疏剪回缩和短剪、特别要注意剪除病虫枝，压低旺枝的生长，使其缓慢生长或成角形生长，以促进夏梢抽发和花芽分化以及促早秋梢的抽发。

（二）冬春季清园

枇杷收获结束后，清除果园病残枝、落叶、落果和病虫残体，集中清理或烧毁，以消灭大量潜伏在其中的病虫。

二、理化诱控技术

利用金龟子等害虫对光的趋性，在枇杷园可按每 30 - 50 亩安装 1 台黑光灯实施灯光诱杀；利用蚜虫等害虫对黄色的趋性，在枇杷园可按每亩悬挂 15 ~ 20 张黄板实施色板诱杀；利用食心虫和卷叶蛾等鳞翅目的雌成虫的趋化性，在枇杷园可按每亩悬挂 1 ~ 2 个性诱剂装置实施对雌成虫的诱杀，也可按红糖:米醋:酒:水 =0. 5:1:1:10 的比例自制成糖酒醋液进行诱杀。

三、生物防控

枇杷园合理间作矮秆农作物等形式，提高枇杷园内生物种类的多样性。再利用园内害虫的捕食性天敌蛙类、蜘蛛类、鸟类、蚂蚁、瓢虫、食蚜蝇、赤眼蜂等防治害虫。

四、科学用药

（一）5～8月：采果、夏梢抽生、花芽分化和促早秋梢抽发

该时期，各种叶片害病虫害都比较多，采果后应立即喷施药剂，施药应抓住5～6月进行，因为此期施药也不会造成果实污染。防治叶片病害，如灰斑病、炭疽病、圆斑病、褐斑病、胡麻叶斑病，在芽枯病严重的地区（细菌性病害）应当特别注意防治；此期害螨（若甲螨、叶螨和细须螨），蚜虫、木虱、枇杷瘤蛾以及其他食叶性害虫的为害都很重，应抓紧防治。在这段时间可连续施2～3次药剂，隔10～15天。但这段时间高温多雨，应避免药害发生。如果介壳虫严重的地区，应专门进行防治。

（二）9～11月：花期、成年树秋梢抽生及幼树冬梢抽发

该时期，重点保护花的正常开放和坐果。由于这段时间气候温和雨水多。容易引起枇杷花穗腐烂，其原因有：梨小食心虫、桃蛀螟为害花轴、木虱、若甲螨数量也比较多，前期蚜虫防治不好，数量也比较多，还有枇杷瘤蛾、刺蛾类、卷叶蛾类等也都发生和为害。灰斑病、褐斑病、炭疽病也有发生，此期在枇杷年全生育期中应是病虫害防治的重点。也可减少病虫害越冬基数。

枇杷园除草，经笔者多年调查和试验，此期开展化学除草意义重大，不仅减少杂草与枇杷树体争肥争水，又能消灭和破坏许多虫害越冬场所，如木虱、蟀象。果树除草剂的选用应以灭生性触杀型为佳，可提倡作用内吸传导型如草甘膦长期使用，会造成果树缺锌的不良后果。

(三) 12～1 月：谢花、幼果及全树缓慢生长期

该时期，重点保护幼果过冬。防冻，虫害主要防治蛀干类害虫如木囊蛾类、天牛类等，可进行人工防治和用药泥或药棉球堵塞虫道，叶部和果实部尽量不施药或少施药。刮除树干上的蚧壳虫和清园。

(四) 2～4 月：幼果膨大、春梢抽生期

该时期，果实由青转黄时，如遇水较多，可喷施 1 次防裂（果）类药剂，施 1 次杀虫剂与杀菌剂混合后，再套袋防止日灼和裂果。防治桃蛀果蛾，梨小食心虫，桃蛀螟，木虱和蛴象以及炭疽病、灰霉病和疫病等。

在枇杷萌芽前，如果介壳虫严重的树株或果园，应施 1 次 48% 毒死蜱乳油。有腐烂的病树株和根腐为害的树株或果园，先刮治再涂抹树干或喷施 45% 代森胺水剂 150 倍液和用此药 100～150 倍液灌根防治根腐病。

(五) 4 月中下旬进行一次果园化学除草

该时期，药剂可选用吡氟氯禾灵（精隐杂得）或莠灭净或草甘膦等。

第八章　猕猴桃主要病虫害发生与绿色防控

第一节　猕猴桃主要病害发生与为害

一、猕猴桃溃疡病

猕猴桃溃疡病是一种毁灭性病害，如不及防治，2、3 年内会导致毁园。因此，应引起重视。

（一）为害状

该病主要为害主干、枝条、叶片和花蕾。主干和枝条受害后，初期皮层隆起，组织变软，成水渍状。以后病斑扩大，颜色加深，皮层和木质部分离，用手挤压呈松软状。后期病部皮层开裂，流出清白色黏液，潮湿时与植株伤流混合后，呈黄褐色或红锈色。病菌能够侵染至木质部，造成局部溃烂，严重时可环绕茎秆一周，致树体死亡。

叶片感病后在新生叶片上呈现褪绿斑，水渍状，后发展为 2 ~ 3mm 深褐色有黄晕圈的不规则形病斑。在连续低温阴雨的条件下，因病斑扩展很快，有时也会产生黄色晕圈。

花蕾受害后不能张开，变成褐枯死。受害轻的花蕾虽能开放，但结果瘦小，易脱落或成为畸形果。

（二）病原及发生规律

猕猴桃溃疡病菌，属细菌。病菌短杆状，两端钝圆，单细胞，极生鞭毛多为1根，少数两根。无荚膜，无芽孢。革兰氏染色为阴性。生长温度为4℃～40℃。猕猴桃溃疡病菌主要在病枝蔓上越冬，也可随病残体在土壤中越冬。翌年春季当气温上升到5℃以上时，病菌开始活动，病菌从病部溢出，借风雨和昆虫传播，或在春季修剪，绑枝等农事操作时，借修剪刀、农具等传播（当然这种传播方式是经常性的，猕猴桃的修剪，一般是休眠期（冬季）和生长期（夏季）修剪），从植株的气孔，水孔和伤口等处，特别是伤口侵入树体内。猕猴桃生长季节里一年有两次病高峰：第一个发病期是猕猴桃萌发前至谢花期。一般是在3月初发病，4月下旬严重发生，以后随气温升高发病减慢，谢花以后病害停止发病。第二个发病期在秋季果实成熟前后，一般在9月左右开始发病。秋季一般主干枝蔓很少发病，主要为害秋梢叶片。

二、猕猴桃花腐病

猕猴桃花腐病是猕猴桃花期的一种重要病害。在南方多雨的猕猴桃产区，均有此病的发生和为害。

（一）为害状

主要为害花蕾、花和幼果，引起大量落花、落果，并造成小果和畸形果，感病的花首先是雄蕊（花药）变为黑褐色。然后病原菌侵入花瓣和子房。切开花蕾，可见内部器官呈深褐色，并且完全腐烂。受害严重的花蕾不膨大，花萼变褐，花蕾脱落，花丝变褐腐烂，最终脱落。受害轻的花蕾能够膨大，但不完全开放，花瓣呈橙黄色。病菌侵入子房后，引起落花，落蕾。受害重的不能坐果，即是能够坐果的但果小，或变为畸形果。

（二）病原及发生规律

猕猴桃花腐病可由多种病菌所起的。除此而外可能还其他一些杂菌。在春季猕猴桃开花期遇多雨低温等多种因素，导致花腐病的发生。

猕猴桃花腐病菌在芽内越冬。翌春在猕猴桃开花前 10 天左右，病菌遇风、雨、昆虫等传播至花蕾、花瓣和花药、花丝等引起发病。如果开花期正值多雨天气和低温等条件，是导致花腐病发生的主要原因。同时，管理粗放，树势衰弱，地势低洼，排水不良，果园杂草丛生，土壤板结等，也是引起花腐病发生的原因之一。

三、猕猴桃根癌病

（一）为害状

根癌病主要发生在猕猴桃树根颈部，也可发生在侧根和支根上，嫁接处较为常见。发病初期，病株根际产生白色或乳白色根瘤，随着树体生长和病情的扩展，根瘤不断长大，逐渐变为深褐色，表面粗糙，内部组织木质化而变硬。其地上部分生长受阻，发育缓慢，植株矮小，严重时枝蔓叶黄化，早衰。成年树受害后，果实小，品质差，树体生长寿命缩短。

（二）病原及发生规律

猕猴桃根癌病菌属细菌。细菌短杆状，单生或串生，具 1 ~4 根周生鞭毛，有荚膜，无芽孢，革兰氏染色阴性。好气性。病菌发育适温 22℃，最高 34℃，最低 10℃。适宜 pH 5.7 ~9.2，最适 pH 7.3。

此病主要发生在苗圃。病菌在癌组织和土壤中越冬。能在土壤中存活 1 年以上。病菌随雨水，灌溉水传播，也可通过工具（嫁接口）传播，还可能通过地下害虫如蛴螬、蝼蛄以及线虫传播，远距离传播主要靠苗木。病菌通过植株伤口（如剪口、嫁接口、虫伤等）侵入植株体内。一般根癌病潜育期2~3月。病菌侵入后开始刺激寄主细胞增生膨大而形成瘤状物。

该病的发生与土壤结构和pH酸碱度有关系，碱性土壤和土质黏重，地下水位高排水不良，土壤湿度大的猕猴桃果园发生病重，连续多年作为苗圃发生严重。切接苗比芽接苗发病重。田间作业不慎，地下害虫为害重，或苗木栽植过深，将嫁接口埋于土中，发病也重。

四、猕猴桃褐斑病

（一）为害状

发病严重时引起叶片早落，致树衰弱。此病主要为害猕猴桃叶片。发病初期，在叶片边缘产生近圆形暗绿色水渍状病斑，遇雨后病斑迅速扩展，呈近圆形或不规则形病斑。后期，病斑中央灰褐色，或灰褐相间色，边缘深褐色，上生许多小黑点，在高温干燥条件下，被害叶片内卷或破裂，致叶片干枯早落。发病部位穿透叶片，叶背病斑呈黄棕色。

（二）病原及发生规律

猕猴桃褐斑病菌无性阶段属半知菌亚门。其分生孢器为球形或柚子形，棕褐色。有性阶段属子囊菌亚门。子囊壳为球状，褐色，顶端具孔口。病菌以分生孢子器、菌丝体和子囊壳在病叶中越冬。翌春，越冬病菌在雨水润湿后产生大量病菌孢子（分生孢子和子囊孢子），随风雨传播至猕猴桃展叶后的叶片上，侵入叶片，进入潜伏浸染，潜育期的长短主要受气温影响。以后在病斑上不断繁殖，进行再侵染。在四川5~6月由于雨水较多，气温在20℃～24℃，有利于病菌侵染，引起发病，果园病情加重，传播迅速，病情指数也高，到7～8月，气温在25℃～28℃时，病叶大量卷缩，严重时枯叶一片，并大量落叶。严重影响产量和树势。

猕猴桃褐斑病的发生、流行，与每年降雨多少和雨量分布情况关系密切。春雨多，夏季阴湿连绵，秋雨早的年份，病害发生早且重。反之较晚且轻。树势衰落，结果量大，树冠郁闭，地势低洼，积水重等，发病重。

五、猕猴桃炭疽病

猕猴桃炭疽病主要为害叶、枝蔓和果实、并导致果实腐烂，严重影响产量，是各猕猴桃产区的主要病害之一。

（一）为害状

此病主要为害叶片、枝蔓和果实。叶片受害后。一般从叶片边缘出现灰褐色病斑。病斑初期呈水渍状，后变为褐色不规则形斑块，病健部交界明显。后期病斑中间变为灰白色，边缘为深褐色，其上散生许多小黑点。病叶边缘卷曲，干燥时病叶易破裂。枝蔓受害后，在病部周围褐色、中间有小黑点的病斑。受害果实，最初出现水渍状圆形病斑，以后扩大成为褐色病斑，病组织深入果肉后，变成不规则腐烂状，最后使整个果实全部腐烂。

（二）病原及发生规律

猕猴桃炭疽病菌属半知菌亚门。分生孢子盘黑色，初期埋于表皮下，后期突破表皮而外露，分生孢子梗呈栅栏状排，单个分生孢子无色，单胞，椭圆形或长柱形，直立或弯曲。病菌以菌丝体或分生孢子在病残残体或芽鳞，腋芽等部位越冬。翌年春季越冬病菌在条件适宜时产生大量分生孢子，借风雨、昆虫传播，经皮孔，伤口、气孔或直接侵入幼嫩组织（叶片、幼果、幼嫩枝蔓），引起初次侵染。此病菌有潜伏浸染特性，即叶片、枝蔓和果实生长前期为主要侵染时期，陆续侵入的病菌处于潜伏状态，到了后期逐渐为发病阶段，6～7月为侵染盛期，到7月中旬开始发病，7月中旬左右达发高峰阶段。

高温多雨是该病发生、发展的重要气象条件。猕猴生长期中，如果雨水多，空气湿度大，有利于分生孢子形成、传播和侵染。7～8月每次降雨之后出现发病高峰，连绵阴雨可促使病情更加严重。树冠郁闭，修剪粗放，病枯枝较多的发病重，地势低洼，雨后积水，杂草丛生，有利于炭疽病的发生和危害。

六、猕猴桃轮斑病

猕猴桃轮斑病是猕猴桃产区的常见病害。

（一）为害状

猕猴桃轮斑病主要为害猕猴桃叶片，病斑在叶缘上发生较多，发病初期为水渍状褪绿污褐斑，后逐渐扩大，沿叶缘纵向迅速发展，侵染局部或大部叶面，叶面上的病斑，受叶脉的限制，明显小于叶缘的病斑，严重时，病斑可穿透叶片。病斑在叶背呈黑褐色，在叶片正面为暗褐至灰褐色。后期在病部散生许多小黑点，即病原的分生孢子器。有些在叶片上产生轮纹状灰斑，轮纹状病斑上的分生孢子呈环纹排列。

（二）病原及发生规律

轮斑病属半知菌亚门的一种真菌。分生孢子盘散生，黑色，前期埋于叶组织中，后期突破表皮外露，分生孢子长梭形，直立，黄褐色，由5个细胞组成，中间3个细胞长大于宽。病菌主要在病落叶上越冬。翌年春季气温上升后，病菌在病残组织上产生新的分生孢子，随风雨传播，在猕猴桃嫩梢幼叶上萌发，进行初次侵染，以后并继续繁殖进行多次再侵染。5~6月为侵染发病高峰期。如果8~9月份遇高温干旱，发生和为害更为严重。轮斑病和褐斑病常混合发生，其发生和为害时间基本一致，无论是褐斑病先发生或轮斑病先发生，其受害叶片，往往抗性削弱，在此种情况下，叶片受害为害程度会更加严重。凡是果园管理粗放，修剪差，枝叶过密，树冠郁闭，透风光照条件差，树势衰弱，果园积水，地势低洼等果园发病就重。

七、猕猴桃苗期立枯病

（一）为害状

猕猴桃苗期立枯病是分布比较广泛的病害。该病主要为害实生苗茎基部和幼根，幼苗出土后，茎基部变褐，呈水渍状，下陷，病部缢缩腐烂死亡，但不倒伏。幼根发病后，病部淡褐色，幼根腐烂，并具有白色网状或蛛丝状菌丝体，即病菌的菌丝体或菌核。

（二）病原及发生规律

猕猴桃苗期立枯病菌无性阶段属半知菌亚门。初生菌丝无色，后变黄褐色，有隔膜，分枝茎部缢缩，老菌丝常呈一串桶形。菌核呈球形或无定形，无色或浅褐色至黑褐色。病菌以菌丝体或菌核在土壤中或随病残体上越冬。在土壤中营腐生活，在土壤中可存活2~3年。菌丝能够直接侵入寄主根颈或根部，通过水流、农具传播，经伤口和皮孔侵入。病菌发育温限19℃~42℃，适温24℃，适宜pH 3~9.5，最适pH 6.8。地势低洼，排水不良，土壤黏重，植株过密，发病重。阴湿多雨有利于病菌的侵入，前茬蔬菜地发病重。

八、猕猴桃膏药病

猕猴桃膏药是一个发生较为普遍的病害，对枝干的生长发育影响很大。

（一）为害状

膏药病主要为害猕猴桃老枝干，在被害枝干上长出圆形或不规则的病菌子实体，犹如贴着膏药一样，故称膏药病。灰色膏药病患部，表面比较平滑，初呈茶褐色，后变为鼠灰色或暗灰色。一般中央颜色较深，边缘一圈灰白色，色较浅，形成明显的轮纹状。严重时菌膜包围枝条，枝干也常被菌膜扩大紧贴，出现凹陷现象。褐色膏药病菌子实体隆起且厚，表面成丝绒状，通常为栗褐色，周缘有狭窄的白色带常翘起。两种膏药病菌的子实体衰老时，往往会发生龟裂，容易剥离。

（二）病原及发生规律

灰色膏药病菌属担子菌亚门。菌丝初无色，后变褐色，错综交织成膜状子实体。子实体表面由无数担子和担孢子组成的子实体层。担子钩状弯曲，担孢子单胞无色，近肾脏形。褐色膏药病菌亦属担子菌亚门。担子直接从菌丝长出，棒状或弯曲成钩状，担孢子无色、单胞、近镰刀形。

在一个猕猴桃果园中，这两病菌可能同时都存在，也可能以一种为主要的菌原。

病菌在以菌膜在枝干上越冬。第二年春夏间在温度湿度适宜时，产生担孢子借气流或介壳虫传播至健株枝干上，萌发抽生菌丝，蔓延为害。两种病菌均以介壳虫分泌的蜜露为养料，因此，凡介壳严重发生的猕猴桃园，膏药病一般发生较多。过分荫蔽潮湿的猕猴桃园和管理粗放的老猕猴桃园发病也重。5、6月雨水季节和9、10月多秋雨年份发病较重。

九、猕猴桃蒂腐病

猕猴桃蒂腐病主要发生在花期、幼果期和贮藏期，是果实贮藏过程中引起腐烂的主要病害之一。

（一）为害状

果实感病初期，在果蒂处出现较为明显的水渍状病斑，然后均匀地向胴部扩展。但果实病部仍保持正常状态，手感柔软而有弹性，与健果无异常。但剖开病果，可见果蒂处腐烂，其腐烂程度在果肉中向下扩展至全果肉质，但果顶一般保持完好。腐烂的果肉为水渍状，浅红色至浅黄褐色，有透明感，有酒味。经过一段时间后，病果表皮上长出一层不均匀的灰白色霉状物。

（二）病原及发生规律

猕猴桃蒂腐病菌属半知菌亚门。病菌的分生孢子抗旱力强，在自然条件下经 138 天仍然具有活力。病菌发育适合温度为 20℃～25℃。

病菌以菌核和分生孢子在果、叶、花的病残组织中越冬。病菌通过伤口侵入果实，果实采收时在果蒂处留下伤口，是病菌侵入的通道。影响本病发生的关键是雨水，尤以谢花期的雨水和湿度才是引起此病发生的重要因子。田间湿度大，植株生长茂密，修剪不及时，通风透光差，也有利于此病的发生。

十、猕猴桃蔓枯病

此病多发生在老产区。严重的病株，第二年春季即死亡。

（一）为害状

该病主要为害主干和枝蔓，又称干枯病。初期症状产生紫褐色或暗褐色坏死病斑，稍突起，呈条形或不规则长形，后期病斑表面产生大量的小黑点，枝蔓整段枯死。病部多形成上粗下细的肿段，肿胀处有时可见到溢出茶褐色、有酒糟味的黏液。

（二）病原及发生规律

猕猴桃蔓枯病菌无性阶段属半知菌亚门。有性阶段属子囊菌亚门。无性阶段分生孢子器黑色。初圆盘形，成熟后为球形，具短颈，顶端有开口。分生孢器中产生两种分生孢子：一种椭圆形至纺锤形，单胞无色，两端各生一个油球；另一种钩丝状，但不萌发。猕猴桃蔓枯病菌以菌丝和分生孢子器在病组织内越冬，翌年雨季湿润后的分生孢子器溢出大量分生孢子，借风雨飞溅传播，从幼嫩组织的伤口侵入，每年的抽梢期和开花期是发病的高峰，以4～5月份发病最严重。本病的发生程度与树龄相关，成龄树的发病程度高于幼龄树，苗木基本不染病。大多数病株是通伤口侵入，也有通过蛀枝蔓害虫危害的伤口，日灼、机械伤、冻伤侵入引起发病。

十一、猕猴桃黑斑病

猕猴桃黑斑病是分布广泛普遍发生的病害。猕猴桃黑斑病又称霉斑病。

（一）为害状

猕猴桃黑斑病主要为害叶片、嫩叶、老叶。发病初期在叶片正面出现褐色小圆点，大小约1mm，四周有绿色晕圈，后扩展至5～9mm，轮纹不明显，一片叶上有数个或数十个病斑，后融合成大病斑呈焦枯状。病斑上有黑色小霉点，即为病菌的子座。严重时叶片变黄早落。影响产量。

（二）病原及发生规律

猕猴桃黑斑病菌属半知菌亚门。子座生在叶正面，近球形，浅褐色。分生孢子梗紧密簇生在子座上，多分枝。分生孢子圆柱形，浅青黄色，直或弯，具3～9个隔膜。猕猴桃黑斑病菌以菌丝在叶片病部或病残组织中越冬。第二年春季气温升高后，在越冬部位上产生新的分生孢子，借风雨传播至新梢上，于猕猴桃开花前开始发病，进入雨季后病情扩展快。以后不断进行再侵染，到5～6月发病很严重。此病果园管理差，树势弱，发病就严重。

十二、猕猴桃腐烂病

猕猴桃腐病分布广泛，在猕猴桃老果园均有不同程度发生。

（一）为害状

主要为害猕猴桃枝干和果实。枝干发病多在树势衰弱的枝条上发生。初期在枝条上产生紫褐色病斑，后发生腐烂，腐烂斑迅速扩展绕茎一圈后，腐烂程度深达木质部，使枝条萎蔫干枯死亡。后期病部有许多小黑点，即病菌的子座和子囊腔；果实发病多在果实后熟过程中才表出症状，在采收期，外表一般未表现任何症状。受害果实的病斑稍凹陷，呈酒窝状，褐色。在凹陷处以内的果肉色淡黄，较干。当果实后熟时，部分病斑发展成腐烂斑。一般一个果实只有一个病斑。发病部位不等，即在任何一个部位均可发病。最后使整个果实腐烂。

（二）病原及发生规律

猕猴桃腐烂病菌属子囊菌亚门。其子座内有1个至数个子囊腔。子囊黑褐色，具乳头状孔口，内生子囊和子囊孢子。子囊长棍棒状，无色。子囊孢子无色，单胞，椭圆形。猕猴桃腐烂病菌以菌丝或子囊壳在病部越冬。翌年产生孢子，借风雨传播，通过各种伤口和死组织侵入树体，猕猴桃病菌具有腐生性，对树势衰，伤口多都有利此病的发生。

十三、猕猴桃蜜环菌根腐病

（一）为害状

树体基部出现黑褐色或黑色根状菌索或蜜环状物。病树根皮内生出白色或浅黄色菌丝，在木质部和树皮之间出现扇形菌丝团。

（二）病原及发生规律

猕猴桃蜜环菌根腐病病原属半知菌亚门。小蜜环菌菌丛团及子实体丛生，菌盖宽4～14mm，浅土黄色，边缘具条纹。菌柄长6～13mm，粗（直径）6～18mm，椭圆形，基部略膨大。白色菌环生于柄上部。担孢子光滑无色，椭圆形。病菌以菌丝体或根状菌索及菌索在病株茎部或残留在土壤中的根上越冬。主要通过根状菌索或菌索吸跗到寄主根上以后，通过酶解或压力侵入。由于该菌寄生性弱，可在残根上长期存活，可引致新果园的猕猴桃根发病，老猕猴桃园发病重。也可寄生于苹果、梨、草莓，马铃薯和针叶树，阔叶树茎部，引起根腐烂。

十四、猕猴桃疫霉根腐病

（一）为害状

发病多从根颈、根尖开始。在根颈出现环状腐烂，根系大量腐烂。土壤潮湿或发病高峰期，病部出现白色霉状物，有酒糟味。病树树体衰弱，萌发迟，叶片小，枝蔓顶端枯死，严重时整株枯死。

（二）病原及发生规律

猕猴桃疫霉根腐病病原属鞭毛菌亚门，卵菌。病原菌丝分化形成游动孢子囊，产生游动孢子。游动孢子有鞭毛，能游动。疫霉菌以卵孢子在病残组织中越冬，翌年春季卵孢子萌发产生游动孢子囊，释放出游动孢子，借土壤中水流传播，经根部伤口侵染。一年中可多次重复侵染，排水不良的果园，盛夏高温季节发病重。

十五、猕猴桃白绢根腐病

（一）为害状

主要为害猕猴桃主根。发病初期，病部暗褐色，长满绢丝状白色菌体。菌丝辐射状生长，最后包裹住病根，四周土壤空隙中也被菌丝充溢呈白色。后期菌丝彼此结合成菌索，结成菌核。菌核初为白色松绒状菌丝团，渐变成浅黄色、茶色至深褐色而坚硬的核粒。严重时猕猴桃病株地上部萎蔫，结果少而小，2 ~3 年内死树。

（二）病原及发生规律

猕猴桃白绢根腐病病原属半知菌亚门。菌丝体白色，生长后期外层深栗褐色内层浅黄色的坚硬菌核。菌核表生、散生、圆形、扁圆至椭圆形。病菌以菌丝、菌索在寄主病部或土壤中越冬。翌年春季再萌发生长出新的菌丝进行侵染。菌核吸水萌发后，很快形成辐射状菌丝。菌丝在寄主根表和其四周土壤中迅速扩展，引起发病。

第二节　猕猴桃主要害虫发生与为害

一、金龟子类

为害猕猴桃的金龟子约有 20 种左右，主要是丽金龟科和鳃金龟科中的一些种类。本节仅对几个重要种作一介绍。

（一）铜绿丽金龟

铜绿丽金龟属鞘翅目，丽金龟科。

1. 为害状

除为猕猴桃外，还能为害多种果树和林木。成虫食芽、叶成不规则的缺刻和洞孔，严重时仅留叶柄和叶脉，幼虫生活在土中为害根系。

2. 形态特征

（1）成虫。体长 19 ~ 24mm，宽 10 ~ 11.3mm。头与前胸背板、小盾片和鞘翅呈铜绿色闪光，前胸背板色较深，呈红褐色。而前胸背板两侧缘、鞘翅的侧缘，胸及腹部腹面和 3 对足的基节，转节和腿节色较浅，均为褐色或黄褐色。前胸背板前缘较直，两前角前伸呈斜直角状。前胸背板最宽处，位于两后角之间。鞘翅每侧具 4 条纵肋，肩部具瘤突。前足胫节具 2 外齿，较钝。前、中足大爪分叉，后足大爪不分叉。

（2）卵。初产时椭圆形，乳白色。长 1.65 ~ 1.93mm，宽 1.30 ~ 1.45mm。孵化前几呈圆形，卵壳表面光滑。

（3）幼虫。三龄幼虫（金龟子幼虫只有 3 龄）体长 30mm，头宽 1.9 ~ 5.3mm，头长 3.5 ~ 3.8mm。头部前顶刚毛每侧 6 ~ 8 根，成 1 纵列。额中侧毛每侧 2 ~ 4 根。内唇端感区的感区刺大多数是 3 根，少数为 4 根。圆形感觉器 9 ~ 11 个，其中 3 ~ 5 个较大，感前片新月形，内唇前片连接在下后方。肛腹片后部覆毛区中间的刺毛列由长针状刺毛组成，每侧多为 15 ~ 18 根，两侧刺毛尖大部分彼此相遇和交叉，刺毛列的后端少许岔开些，刺毛列的前端远没有达到钩状刚毛群的前部边缘。

（4）蛹。长椭圆形，长 18 ~ 22mm，宽 9.6 ~ 10.3mm，土黄色。体稍弯曲，腹背面有 6 对发音器，臀节腹面：雄性有 4

裂瘤状突起；雌性较平坦无瘤状突起。

（二）发生规律

一年发生1代，以3龄幼虫在土中越冬，翌年3月下旬越冬后的幼虫向土层表面移动，5月份开始化蛹，蛹期一般7～10天，5月下旬成虫羽化，成虫羽化后3天左右方可出土，出土时一般在日落后开始出土，先行交配，而后取食猕猴桃等果、林叶片，到黎明前又潜回土中，白天隐敞场所，多在3～6cm表土层，且喜欢在草根下。成虫食性杂，食量大，常将树叶全部吃光。成虫出土后一般10天左右，雌虫开始产卵，每雌产卵一般在40粒左右，卵分批产下，多散产成堆，成虫多喜在附近的花生地、洋芋、红苕等地产卵，产卵深度在3～10cm，以夜晚产卵为主。成虫有假死性和趋光性但雌虫的趋光性强于雄虫，成虫寿命平均在30天左右，由于成虫出土期不整齐，成虫从5月下旬开始出，一直到8月上旬都有成虫出土，其中以6月中旬出土最多，因此，猕猴桃叶片被害的时间从5月下旬一直到8月上旬都可受害。卵期一般在10天左右，幼虫卵化后，在农作物根部为害。

（三）暗黑鳃金龟

暗黑鳃金龟属鞘翅目，鳃金龟科。

1. 为害状

成虫食性杂，除猕猴桃外，各种林、果叶片均可为害。为害症状同铜绿丽金龟。

2. 形态特征

（1）成虫。长椭圆形，体长18.3～19.5mm，宽8.2～9.5mm，无光泽。初羽化成虫为红棕色，以后逐渐变为黑褐或黑色。头部较大，唇基部前缘中央稍向内弯和上卷，刻点粗。触角10节，红褐色。前胸背板侧缘中央呈锐角外突，刻点大而深，前缘密生黄褐色毛。每鞘翅上有4条可辨认的隆起，刻点粗大，散生于带间，肩瘤明显。前足胫节外侧有3钝齿，内侧生一棘刺，后足胫节细长，端部一侧生有2端距。跗节5节，末节最长，端部生1对爪，爪中央垂直生齿。小盾片半圆形，端部稍尖。腹部圆筒形，腹面微有光泽。雄性臀板后端浑圆，雌性则尖削。

（2）卵。初产时乳白色，长椭圆形，长约2.61mm，宽1.62mm，后膨大，长3.2mm，宽2.48mm。

（3）幼虫。三龄幼虫体长35～45mm，头宽5.6～6.1mm，头长4.2～4.5mm。头部前顶刚毛每侧1根，位于冠缝两侧。绝大多数个体无额前缘刚毛，偶有个体只具1根额前缘刚毛。内唇端感区刺多数为12～14根。内唇前侧褶折面退化，但密而纤细的折面明显可见，每侧折面多为14～17条。在感区刺与感区前片间，除具8个较大圆形感觉器外，尚有9～11个小圆形感觉器。肛腹后部钩状刚毛多为70～80根。平均约75根，分布不均。肛门孔为三射裂状。

（4）蛹。体长20～25mm，淡黄色或杏黄色。腹部背面具发音器2对，尾节三角形，二尾角呈锐角岔开。雄性外生殖器明显隆起，雌性外生殖器，保可见生殖孔及其两侧的骨片。

（四）发生规律

一年发生1代，以3龄幼虫在土中越冬。翌年5月开始化蛹，蛹期20天左右。6月上旬成虫开始羽化，6月初至8月中下旬为成虫发生期。成虫在天气闷热和雨后发生较多，成虫有群集性和假死性及趋光性。食性杂，食量大，食声可闻，常将某一段或某一单株树的树叶吃光。一头成虫能连续吃完4～5片叶，吃饱后原地不动，休息半小时后，又开始吃，直至天亮才返回果林地下和作物间，潜伏于土中。根据观察在一棵较大的果树或林木，常聚集几十头至上百头成虫取食，尤其苗圃地常常聚集成百上千头吃害叶片。

成虫羽化后，在土中潜伏约15天左右才出土，傍晚出土活动，尤其闷热天气或雨后出土最多。出土后先集中在一些灌木丛上交配。交配时间20分钟左右，有时达1小时之以，此虫有多次交配性。雌虫产卵前期一般为5~7天，卵散产分批，一雌可产卵100余粒，喜欢将卵产于农作物田间，尤其喜欢在花生、洋芋、红苕、玉米等田间，卵期8~10天。1龄幼虫平均20.1天，2龄幼虫平均19.3天，3龄幼虫平均270天（含越冬期）。

另外，为害猕猴的金龟还有黑绒鳃金龟、华阿鳃金龟、二色希鳃金龟、小云斑鳃金龟、、无斑弧丽金龟等20余种。

二、猕猴桃蛀果蛾

猕猴桃蛀果蛾属鳞翅目，卷蛾科。别名称桃折梢蛾，又称“梨小食心虫”。

（一）为害状

寄主有猕猴桃、桃、梨、苹果、李、杏、梅、枇杷等。在猕猴桃园中，只为害果实。蛀果部位多从果腰，蛀孔处凹陷，蛀孔周围稍隆起，蛀孔黑褐色。侵入初期蛀孔处有果胶流出挂在孔外，干落后便有粪便排出。虫道一般不到达果心，在近果柱处折转，虫道自外至内渐黑腐，被害果不到成熟时就提早脱落。受害重的达20%~30%的被害果。

（二）形态特征

见梨害虫—梨小食心虫。

（三）发生规律

猕猴桃蛀果蛾一年发生4~5代，以老熟幼虫越冬（主要习性见梨害虫—梨小食心虫）。自6月份起的第二代成虫就从桃树上等其他寄主上迁入猕猴园，将卵散产于猕猴桃果蒂附近。幼虫孵化后，向下爬至果腰处咬食果皮，蛀入果层取食果肉，幼虫老熟后爬出孔外，在果柄基部，藤蔓翘皮处及枯卷叶间作茧化蛹。7月中下旬至8月初，第3代幼虫仍为害猕猴桃，第4代以后就迁往其他寄主为害。从猕猴桃生长期看，受害最重的是第2代幼虫，即6月份果实受害最重。

三、古毒蛾

古毒蛾属鳞翅目，毒蛾科。

（一）为害状

寄主为猕猴桃边为害梨、山楂、李、杨、榛等。幼龄幼虫食害嫩芽、幼叶和叶肉，稍大后将叶食成缺刻和洞孔，严重时将叶片吃光。

（二）形态特征

1. 成虫

雌虫体长10～20mm，纺锤形，头胸部小，腹部肥大。触角丝状暗黑色，长1.5～2mm。复眼黑色。翅退化或留有小长方形的痕迹，被黄白色鳞毛。足粗健，稀被灰白色短毛。体壁黑色，疏被灰白色细毛。雄虫体长9～14mm，翅展26～35mm。触角羽毛状。复眼黑色。翅棕黄色，内横线隐见两条，亚外缘较宽，均栗褐色，亚外缘线后部外侧有一弯月形白斑。后翅色泽与前翅相同，无清晰之花纹。

2. 卵

灰白色，球形，直径0.9mm。中央稍凹陷，凹陷周围有隆起的多角形刻纹，其余部分光滑。

3. 幼虫

老熟幼虫体长29～37mm，青灰色。头黑色，前胸，第1，2腹节两侧和第8腹节背面各具一长毛束。前胸毛束向斜前方伸出，腹侧毛束伸出的方向与体垂直，第1腹节毛束灰色或黄褐色，第2腹节毛束黑色，第1～4腹节具背刷状毛，淡黄色或黄色。胸部各节有红、黄、褐、灰等色的毛瘤。

4. 蛹

由淡黄逐渐变成黑褐色。雌性纺锤形，雄性圆锥形。

（三）发生规律

古毒蛾一年发生2～3代，以卵越冬。成虫白天羽化，以9～12点羽化最多。雌虫将卵产在茧壳内，每一雌虫平均产卵348粒，幼虫在早晨孵化，同一块卵孵化期要延续4天左右，但以第2天孵化最多。初孵幼虫有食卵壳的习性，并长时间群集于卵壳上。孵化后第5天仅有一半的幼虫才离去，第8天才全部离开卵壳。但初孵的幼虫2天后便开始取食，群集于芽叶上取食，稍大后分散为害，多在夜间取食为害，常将叶片吃光。幼虫能吐丝下垂借风力分散。老熟后多在树冠下部外围细枝或粗枝分杈处及皮缝中结茧化蛹。雌性幼虫共6龄，雄性幼虫共5龄。古毒蛾幼虫有寄生性天敌昆虫50余种，分属于姬蜂科、细蜂科、小茧蜂科、小蜂科和寄蝇科等。

四、泥黄露尾甲

泥黄露尾甲属鞘翅目，露尾甲科。除为害猕猴桃外还可为害石榴、梨、桃、柑橘类等。

（一）为害状

以成虫和幼虫蛀食下垂至近地面的鲜果，成虫为害后将粪便排出蛀孔外，幼虫为害后致果肉腐烂，引起落果。

（二）形态特征

1. 成虫

体长 7.4～7.8mm，宽 3.4～4.0mm，体扁平，初羽化时色浅，后转变成泥黄褐色。上颚基部赤褐色，齿部黑色。额面与颅部几乎处于同一平面，疏布刻点，具向前倒状的黄绒毛。唇基至额面中部隆起，两侧各具一个大凹穴。复眼黑色，圆形。触角短棒槌状，11 节，基部特别膨大。前胸背板长约为宽的一半，密布大而浅的刻点，疏生向后倒伏的黄色绒毛和长刚毛。小盾片大，心脏形。胸足跗节 3 对，各具爪一对。鞘翅向尾部均匀缢缩，到翅缝末端呈“W”形。翅背部隆起，在尾端形成坡面。翅面具 10 条刻点行，每个刻点上着生一根向后倒伏的长刚毛。

2. 卵

乳黄色橄榄形，数粒至数十粒堆产。

3. 幼虫

老熟幼虫体长 11～12mm，稍扁平。头部褐色，无腹足，胸足 3 对。前胸背侧沿和后沿区乳黄色，其余黑褐色。中胸和后胸节亚背线上具一块黑斑，气门上线也具一块黑褐斑。腹末节背面生有 2 对高度突起的肉角，后面 1 对较粗大。

4. 蛹

扁平，腹部稍曲，乳白至乳黄色，与成虫形态相似，腹面观触角呈“八”字形贴生在前胸腹板侧突处，胸足前 2 对全露出翅面，后足从翅上方伸长，可见其跗节。

（三）发生规律

主要以成虫在土中越冬。果实着色至成熟期，成虫将卵聚产于落地果或下垂接近地面的鲜果上。成虫产卵前先将果实咬一伤口，将卵产在其中。幼虫孵化后，钻入果肉纵横串食，老熟后脱果入土化蛹。成虫有假死性，成虫可直接咬孔在果肉中啃食为害，幼虫耐高温，可在果内完成发育阶段。成虫和幼虫也可行腐食性，成虫只能靠爬行扩散，不能飞翔。

五、猕猴透翅蛾

猕猴透翅蛾属鳞翅目，透翅蛾科。

（一）为害状

猕猴桃透翅蛾以幼虫蛀食当年生嫩梢，侧枝或主干，将髓部蛀成中空，虫粪挂在隧道孔外。猕猴桃受害后，引起枯梢和折枝，树势衰弱，产量降低，品质变劣。

（二）形态特征

1. 成虫

体长 17 ~ 22mm，翅展 33 ~ 38mm，全体黑褐色。雌虫头部黑色，复眼周生白色鳞粉，强突起。下唇须黄色，喙发达，褐色。触角线状，端部具小毛束。胸部背面黑色，前、中胸两侧各具一个黄斑，后胸腹面具一大黄斑。前翅黄褐色，不透明。后翅透明，略显浅黄色。前足黑色，腿节粗大，胫节和跗节后方生长密黑毛。中、后足夹生黄黑色毛。腹部黑色具光泽。第 1、2、6 节背后缘具黄色带，第 5. 7 节两侧生黄色毛簇，第 6 节间生红黄色毛簇。腹部腹面第 3 节后缘具一黄带，第 5、6 节中部和后缘为黄色，第 4 节后缘中部黄色。雄虫和雌虫很相似。触角栉状，端半栉齿渐小至消失，栉齿末端有纤毛束。前足基节端部和外缘黄色，跗节黄色，中足基节黄色，胫节具毛丛。后足基节黄色，胫节中部和端部生黄色毛丛。

2. 卵

长椭圆形，浅棕黄色。

3. 幼虫

老熟幼虫体长 28 ~ 32mm，乳黄色。头部黑褐色，前胸黑褐色，胸背中部生 1 根长刚毛，两侧前缘各有一个三角形斑，其下有 1 圆斑。

4. 蛹

体 24 ~ 26mm，宽约 7.5mm。浅黑褐色，胸部和各腹节色较浅。

（三）发生规律

猕猴桃透翅蛾一年发生 1 代，以老熟幼虫在猕猴桃茎干内越冬。猕猴桃多栽种在山区，由于山区立体气候的差异，导致发育进度不同。一般是在来年 4 月中下旬到 5 月上旬越冬幼虫化蛹，蛹期在 22 ~ 35 天。成虫羽化时间多在上午 10 时至下午 2 时。成虫羽化后约 20 分钟开始展翅。成虫阴天全天活动，晴天则以上午和日落后活动。卵散产，多产在当年生嫩枝梢叶柄基部的茎干上，老枝条则产于阴面的裂缝中。卵期一般为 10 ~ 12 天，6 月中下旬孵化。孵化后的幼虫就近蛀入，向下蛀食，将髓部蛀食空，蛀孔外堆挂黑褐色粪屑；部分幼虫孵化后，先将皮层啃食一圈后，然后再钻入髓部蛀食为害。受害的小主干一般枯死，受害轻的枝条愈合后膨大呈伤疤。由于此虫发生不整齐，到 10 月下旬至 11 月初还可查到低龄幼虫为害，这一部分成长幼虫也可越冬。一般木蠹蛾为害重的猕猴桃园透翅蛾为害亦重。

六、考氏白盾蚧

考氏白盾蚧属同翅目，盾蚧科。此虫除危害猕猴桃外，还危害杧果、柑橘、金橘等。

（一）为害状

有食干型和食叶型两种类型。食叶型。主要寄生于叶片，叶片受害后，出现黄斑，严重时叶片满布白色介壳，致叶片大量脱落。食干型。枝干受害后，枯萎。严重时枝干满布白色介壳，致树势衰弱，并能诱发煤烟病，严重影响生长发育。

（二）形态特征

1. 成虫

雌蚧介壳长2.0~4.0mm，宽2.5~3.0mm，梨形或卵圆形，表面光滑，雪白色，微隆，2个壳点突出于头端，黄褐色。雄蚧介壳长1.2~1.5mm，宽0.5~0.8mm长形，表面粗糙，背面具有一浅中脊，白色，只有一个褐色壳点。雌虫体长1.1~1.4mm，纺锤形，橄榄色或橙黄色，前胸及中胸常膨大，后部多狭。触角间距很近，触角瘤状，上生一根长毛，中胸至腹部第8节每节各有一腺刺。前气门腺10~16根，臀叶2对发达。中臀叶大，中部陷入或突出，雄虫体长0.8~1.1mm，翅展1.5~1.6mm。腹末具长的交配器。

2. 卵

长椭圆形，长约0.24mm，初产时淡黄色后变橘黄色。

3. 若虫

初孵若虫淡黄色，扁椭圆形，眼、触角、足均存在，两眼间具腺孔，分泌蜡丝覆盖身体，腹末有2根长尾毛。2龄若虫椭圆形，眼、触角、足及尾毛均退化，橙黄色。

4. 蛹

长椭圆形，橙色。

（三）发生规律

考氏白盾蚧，以受精雌虫或怀卵雌成虫在寄主枝条、叶片上越冬。冬季也可见到卵和若虫，但越冬卵第2年不能孵化，若虫春季死亡率很高，也就是说，受精的越冬雌虫和怀卵的越冬雌虫才是第2年虫口基数。越冬后的雌成虫于翌年3月下旬开始产卵，4 月中旬为若虫孵化盛期，6 月下旬可见第二代卵，7 月中旬为第二代若虫孵化盛期，8 月下旬至 9 月上旬可见第三代卵，9 ~ 10 月为第三代若虫孵化盛期。生长期雌虫寿命平均为 1.5 月，越冬雌成虫寿命可达 6 个月之久。每雌成虫可产卵 50 余粒，若虫有群居型和散居型两类，群居型多集于叶背面，一般有几十头至上百头群居一起。散居型主要在叶片中脉和侧脉附近，发育成雌虫。群居型发育经 2 龄若虫、前蛹、蛹发育成雄性蚧虫。

七、长白蚧

长白蚧属同翅目，盾蚧科。

（一）为害状

以若虫，雌成虫在叶干上刺吸汁液，受害树势衰弱，叶片瘦小，稀少。并能在短期内有群居习性，布满枝干或叶片，造成严重落叶，发芽率大减，如果连续受害 2 ~ 3 年后，枝条枯死，乃至整株死亡，它是一种毁灭性害虫。

（二）形态特征

1. 介壳

雌介壳长 1.68 ~ 1.80mm，纺锤形，暗棕色，其上具一层白色不透明蜡质物，一个壳点，头端突出。雄介壳长形，白色，壳点突出在端头。

2. 成虫

雌性体长 0.60 ~ 1.40mm，梨形，浅黄色，无翅。雄性体长 0.50 ~ 0.70mm，翅一对，白色透明，全体浅紫色，头部色较深。腹部具一针状交尾器。

3. 卵

椭圆形，长约 0.23mm，宽约 0.11mm，浅紫色。

4. 若虫

雌性共 3 龄，雄性共 2 龄。触角 5 节，腹部具尾毛 2 根。2 龄若虫体色不一，有淡紫色或浅黄、橙黄及紫黄色等，触角及足消失，体背介壳灰白色。3 龄若虫浅黄色，腹末端 3、4 节向前拱起。

5. 前蛹

长椭圆形，浅褐色，长 0.63 ~ 0.92mm

6、蛹

长 0.66 ~ 0.85mm，细长，淡紫色至紫色。触角、翅芽、足均出现，腹末生一针状交配器。

（三）发生规律

长白蚧一年发生 3 代，以末龄雌若虫和雄虫前蛹期在枝干处越冬。翌年 3 月下旬至 4 月下旬，雌成虫羽化，4 月中、下旬雌成虫开始产卵。卵产于介壳内，每头雌蚧可产卵 10 ~ 30 粒，5 月中下旬第一代若蚧孵化达盛期，若蚧孵化后从介壳中爬出来，经 2 ~ 5 小时，即可把口针插入树组织内固定虫体并吸食汁液，固定后一小时左右，即分泌出白色蜡质介壳覆在体背上。第一代若蚧孵化盛期于 5 月中下旬；第二代若蚧孵化盛期于 7 月中旬；第三代若蚧孵化盛期于 9 月上旬至 10 月上旬，第一、二代若蚧孵化期比较集中，是药剂防治的有利适期。第二代历时较长。雌若蚧共 3 龄，羽化为成虫。雄蚧共 2 龄，2 龄后为前蛹。第一、二代分布于叶片上多于枝干，而雄蚧多栖息在叶缘或边锯缘齿之间，雌虫多分布于叶背中脉附近。第三代雌雄虫体分布于枝干中、下部，叶片上很少，长白蚧发育适温为 20℃ ~25℃，相对湿度大于 80% 易发生。果园阴郁，偏施、重施氮肥，造成枝叶茂盛，枝条及皮层嫩弱以及树势生长衰弱发生和为害重。

八、猕猴桃其他介壳虫

桑盾蚧　为害状、形态特征、发生规律参考桃树害虫——桑盾蚧；

红蜡蚧　为害状、形态特征、发生规律参考柑橘害虫——红蜡蚧；

草履蚧　为害状、形态特征、发生规律参考石榴害虫——草履蚧。

九、小绿叶蝉

小绿叶蝉属同翅目，叶蝉科。

（一）为害状

成虫和若虫吸食芽、叶和枝梢的汁液，被害初期叶面出现黄白色斑点，渐扩大成片，严重时全叶苍白早落。

（二）形态特征

1. 成虫

体长3.30～3.70mm，淡黄绿色至绿色，复眼灰褐至深褐色，无单眼。触角刚毛状，末端黑色。前胸背板、小盾片浅鲜绿色，常具白色斑点。前翅半透明，略呈革质，淡黄白色，周缘具淡绿色细边。后翅透明膜质，各足胫节端部以下淡青绿色，爪褐色。跗节3节。后足跳跃式。腹部背板色较腹板深，末端淡青绿色。头背面略短，向前突，喙微褐。

2. 卵

长椭圆形，略弯曲，乳白色。

3. 若虫

体长2.50～3.50mm，与成虫相似。

（三）发生规律

每年发生4～6代，以成虫在落叶，杂草丛或低矮植物中越冬。翌年猕猴桃发芽时，飞到树上吸食汁液，经取食后交尾产卵，卵多产于嫩梢和叶片主脉里。由于此虫发生期极不整齐，世代重叠，6月以后虫口数量增加，到8~9月虫口数量最多，发生最重。

第三节　猕猴桃主要病虫害绿色防控技术

一、农业防治

（一）栽培管理

建园时选择排水良好的地块，雨季要搞好清沟排渍工作，栽植时不要定植过深，不施用未腐熟的肥料。选用抗病砧木，培育抗病力强的树苗，对病树及时更新，避免病害蔓延扩散。平衡施肥，增施有机肥。采果后，提早基肥施用时间，视土壤肥力状况，按照产1kg果子施用。1~2kg有机肥。注意有机、无机、生物菌肥配合施用，增加树体营养储备，增强树体的抗性。科学修剪，合理负载。修剪要做到枝条在架面分布均匀，枝蔓互不缠绕，达到通风透光，减少病虫害的发生。挂果量不宜过大，以红阳品种的成年树为例，单产1000~1200kg/667m^2为宜，达到营养生长与生殖生长平衡协调，提高树体抗病能力。

（二）冬春季清园

冬季结合猕猴桃修剪，剪除发病枝梢和叶片，彻底刮除主干、主蔓上的老皮、翘皮和病疤，并将清理下的树皮树枝等集中烧毁或深埋进行无害化处理，减少病虫源，减轻交叉感染和传播。及时彻底清除果园内的枯枝、落叶、僵果、杂草等，并集中烧毁或深埋进行无害化处理，减少越冬病虫基数。

（三）树干涂白

冬季用晶体石硫合剂50g、生石灰1kg对水5kg对成药石灰液对树干主枝进行涂白，既可杀灭越冬病虫，还可改善田间环境，降低冬春昼夜温差，增强树体抗冻抗病虫能力。

（四）喷施石流合剂

石流合剂具有杀虫、杀螨、杀菌作用，可以防治红蜘蛛、介壳虫及溃疡病等。在冬季树干涂白后及时用100～120倍晶体石硫合剂，均匀喷施全园枝蔓后封园。

（五）果实套袋

全园实行果实套袋，在猕猴桃谢花后1个月内幼果期开始果实套袋。不仅可提高果实外观品质，还可避免和减少介壳虫、食心虫、炭疽病等病虫害危害果实，降低果实中的农药残留，使果面更洁净。

（六）施用草木灰等肥料营养液

用草木灰和水按1∶5浸泡24小时后取其滤液，喷施猕猴桃果树，既补充钾肥，又可增强树体抗性。将有根腐病的果树下的土壤挖开，露出根部，先凉根一段时间，然后每株施入2～3kg草木灰，并用少许土覆盖，既可治疗猕猴桃根腐病，又可提高树体的抗病性。用50%沼液在猕猴桃幼果期、果实膨大期及壮果期各施1次，不仅有利于优质稳产，还可减轻落叶病、红蜘蛛等病虫危害，减少化肥和农药使用量。

（七）植物免疫诱导

结合病虫防治，选用氨基寡糖素等免疫诱抗剂与农药混用，诱导植物产生抗性，防治炭疽病、褐斑病等真菌病害。在花期、幼果期、果实膨大期各使用1次。

二、理化诱控技术

利用金龟子、卷叶蛾、透翅蛾等害虫的成虫趋光、趋波等特性，每年3～11月在葡萄园内悬挂频振式杀虫灯或太阳能杀虫灯诱杀，按照平坝区30～50亩悬挂1盏，山区15～25亩悬挂1盏；利用蚜虫和叶蝉等害虫的趋色性，在田间悬挂黄板诱杀，每亩（1亩约等于667m^2）放置黄板20～30片（黄板规格20cm×25cm）；利用螨虫、介壳虫、卷叶蛾等害虫沿树干下爬的越冬习性，在树干离地面50cm处绑扎诱虫带，诱集，越冬后销毁。

三、生物防控

在猕猴桃园内种植苕子、三叶草、紫花苜蓿等控制园内恶性杂草（如水花生）生长，达到以草控草的目的，同时给天敌营造良好的繁殖生长环境，达到以虫治虫的目的。推广使用生物农药防治金龟子等害虫，可选用云菊（5%天然除虫菊素）和甜核苏云杆菌等生物农药；防治介壳虫可选用有机矿物油；防治炭疽病、褐斑病等病害，可选用太抗（0.5%几丁聚糖）生物农药诱导植株产生抗性；防治溃疡病等可选用农用链霉素等。

四、科学用药

猕猴桃园病虫害防治的重点对象是猕猴桃溃疡病。此病除选用抗病品种，加强栽培管理，提高树体抗病能力外，主要是用5%噻霉酮、72%农用链霉素、中生菌素、四霉素等药剂防控。第一个时期应于猕猴桃发芽前进行，第二个时期应抓住发病初期（3月下旬至4月上旬）。第三个时期是采果后。方法是在发芽前和发病初期采用药液喷淋全株。采果后和枝蔓流菌脓时应先刮除病斑和70%甲基硫菌灵可湿性粉剂+5%噻霉酮悬浮剂兑水涂药剂方法。第二个重要病害是花腐病（50%异菌脲乳油+5%噻霉酮悬浮剂进行药液喷雾），防治此病应抓住采果后的冬季和猕猴桃萌芽至开花期，此病是由多种细菌引起，在药剂上可同于溃疡病。防治猕猴桃其他病害：熟腐病坐果后，可选用50%多菌灵可湿性粉剂或50%敌菌丹喷雾防治；根腐病刮除病菌后，可选用50%甲基托布津或腐霉利在伤口涂药；叶斑病，可选用50%多菌灵可湿性粉剂或75%百菌清喷雾防治2～3次。防治猕猴桃其他害虫：金龟子，可选用50%辛硫磷1000～1500倍液灌杀土中幼虫2～3次。用20%氰戊菊酯3000倍液，在开花前2～3d和谢花后喷雾防治2～3次；介壳虫，4月下旬至5月上旬若虫孵化盛期，可选用25%噻嗪酮乳液或40.7%毒死蜱（乐斯本）喷雾防治；叶蝉，在若虫期可选用10%吡虫啉喷雾防治。

第九章　石榴主要病虫害发生与绿色防控

第一节　石榴主要病害发生与为害

一、石榴干腐病

石榴干腐病是影响生产的一种严重病害。石榴干腐病又称石榴白腐病。

（一）为害状

主要为害花梗和果实。从蕾期开始侵染，受害花瓣变为褐色，以后扩大到花萼、花托，使花整个变成褐色。其上密生黑褐色小点，即病菌分生孢子器。果实染病自幼果期开始，首先在萼筒处发生浅褐色病斑，逐渐向外扩展后变成深褐色凹陷裂口，果实籽粒从裂口处开始霉烂，很快使整个果实感病。果实膨大后感病，其病斑常发生在萼筒、果与果、叶与果实相连接处和果实有伤口处。果实感病严重时，全果腐烂并致脱落，有的失水干缩成僵果，终久不落，僵果内外密生黑色的分生孢子器，为来年的重要病源之一。

果枝和新梢也可感病，其皮层腐烂褐色后为黑色。

（二）病原及发生规律

石榴干腐病菌无性阶段属半知菌亚门。分生孢子器球形，单生，浅褐色，肉质。分生孢子纺锤形，单孢，直或弯曲，石榴树皮中的单宁酸可促使萌发生长。病菌孢子萌发生长的温度范围为12.5℃～35℃，最适温度为25℃。病菌以菌丝或分生孢子器在病部越冬，翌年春产生大量分生孢子，经风雨传播，进行初次侵染和多次再侵染，造成此病扩大蔓延。一般从4月～10月均可发病。果实受害一般当果实长到七成大小时开始发病，到10月份病害扩展随之停滞下来。

石榴干腐病菌是一种弱寄生菌，在石榴树各器官均有此菌存在，一般为潜伏状态，一旦条件适合就可发病。在正常管理的石榴果园，结果量适度，生长健壮，很少有干腐病发生，特别是幼树园，几乎没有此病发生。但进入结果盛期后，发病逐渐增多。凡头年结果量大，第二年此病发生必重，这是因为结果多，树体养分消耗大，抗病力减弱所致；病菌侵入时，先在受伤处或伤口愈合处的死皮层组织生长，然后侵害周围活细胞并向外、向深处扩展，使其坏死腐烂。凡受伤多（虫伤、创伤、冻伤）果园的石榴干腐病发生就重。这主要是造成树势衰弱之原因所致，石榴园肥料不足，特别是磷肥不足或偏施氮肥，也会削弱树体的抗病力，促进病害的发生。长期干旱少雨或生长期雨水过多，果园长期处于高湿状况下，也易引起干腐病的发生和为害。

二、石榴疮痂病

石榴疮痂病俗称石榴麻皮病，是一种普遍发生的病害。

（一）为害状

主要为害果实、花萼和叶片。初期褐色略带水渍状小点，后变成红褐色，零星分布于果实表面，单个病斑圆斑至椭圆形，后期多个病斑融合成不规则疮痂状，呈灰褐色至黑色，病斑微凸，逐渐变粗糙，致果皮轻度龟裂，发病严重的果实可致全果被病斑所覆盖，湿度大时，病斑内产生淡红色粉状物，即病菌的分生孢子盘和分生孢子。

（二）病原及发生规律

石榴疮痂病菌属半知亚门。分生孢子盘暗色，近圆形，略凸起，产生于病组织内的菌丝层下，单生或聚生。分生孢子梗紧密排列在分生孢子盘上，一般突破组织，初期无色，后略带黄褐色，单胞瓶颈型。分生孢子顶生，卵形至椭圆形，单胞无色，透明有两个油球。病菌以菌丝体或以分生孢子盘在病株残体中越冬，春季气温高于15℃时多雨湿度大，越冬病菌产生分生孢子，借风雨和昆虫传播，经过几天的潜育期后又形成新病斑，又不断产生分生孢子进行再侵染。此病发生和流行与降雨、空气湿度关系密切，高温（25℃以上），多湿有利于分生孢子的形成，传播和萌发。从石榴开花期到果实成熟期如遇雨水多的年份，则病害发生严重。

三、石榴褐斑病

是石榴上的常见病，发生普遍，是造成石榴早期和后期落叶的主要病害之一。

（一）为害状

主要为害叶片和果实，引起早期落叶，又称为早期落叶病。叶片染病后病斑产生在叶片正面和背面，圆形至角状，叶缘染病常生多个病斑，有时融合，病斑暗褐色至紫褐色或近黑色，病斑中央有时呈浅褐色至灰褐色，边缘暗褐色或近褐色。叶片背面病斑灰褐色。果实染病产生红褐色斑点，多角形至不规则形。

（二）病原及发生规律

石榴褐斑病菌无性阶段属半知菌亚门。有性阶段属子囊菌亚门。子实体生于叶片正背面。子座球形至长圆形，生于气孔下，暗褐色。分生孢子梗紧密簇生，浅青黄色至青黄色，直立或弯曲，不分枝，顶端圆锥形。分生孢子圆柱形，近无色或浅青黄色，直立或弯曲，顶端钝，基部倒圆锥形平截。病菌以菌丝或子座在病落叶上越冬，翌春条件适宜时产生分生孢子，借风雨传播，从寄主伤口或侵入寄主表皮，进行初次侵染和再侵染。病菌先侵染石榴树下部叶片，后迅速扩展。雨季有利于该病的侵染和为害，一般从4月中下旬雨水来临之后进行初次侵染，先为害叶片，然后幼果感染。发病高峰一般在果实成熟期，此时果实和叶片都有大量病斑出现。到果采收后秋季此病仍继续发生和为害。发病严重的石榴园病叶率可达100%左右，造成大量早期落叶。

四、石榴蒂腐病和焦腐病

这两种病都为害果实和蒂部。石榴蒂腐病可引起果实蒂部腐烂，病部变褐软腐。

（一）为害状

石榴焦腐病发病后使果实或蒂部初期呈水渍状的褐斑。到后期这两种病都可在病部产生许多黑色小粒点，即为病菌的分生孢子器。

（二）病原及发生规律

石榴蒂腐病菌称石榴拟茎点霉菌，属半知菌亚门。石榴焦腐病菌称可球二孢菌，属半知菌亚门。有性阶段属子囊菌亚门。这两种病菌的越冬方式和场所是，石榴蒂腐病菌以菌丝或分生孢子器在病部随残留在地面或土壤中越。石榴焦腐病菌以分生孢子器或子囊在病部越冬。这两种病菌越冬后在春季气候适合时，产生大量病菌孢子，借风雨传播，进行初次侵染和多次再侵染。石榴焦腐病菌系弱寄生菌，常腐生一段时间后引起果实焦腐或枝枯。一般进入雨季，空气湿度大易发病。

五、石榴煤污病

（一）为害状

主要为害叶片和果实。叶片和果实染病后产生黑色片状可以抹去的菌丝层，即病菌的子实层，叶上黏附一层烟煤，影响光合作用。

（二）病原及发生规律

石榴煤污病有多种病菌引起。病菌以菌丝体在病部越冬，借风雨或介壳虫活动传播扩散。该病发生主要诱因是昆虫在寄主上取食时，排泄粪便及其分泌物所致，此外通风不良，温度高，湿气滞留而发病。

六、石榴根腐病

（一）为害状

地上部分症状先是 1～2 条枝的叶片发黄，后变为红色，然后逐渐向上发展，可使整株叶片变黄变红，发病的枝条一般不挂果，最后致整株死亡。挖开观看，先是侧根变褐，后逐渐主根变为黑褐色，最终致全部根系腐烂，随之地上部死亡。

（二）病原及发生规律

引起石榴根部腐烂的病因是沤根持续时间长，导致其他病菌如腐霉菌和镰刀菌侵入终致根腐烂。

从石榴果园看出，根腐病的发生先于低洼积水处，长时间积水，持续沤根，致树衰，腐霉和镰刀菌也随之侵入。另外，伤根严重（如地下害虫、伤等）发病也重，地下水位高，土壤黏重，长期积水，发病重。

七、石榴裂果

石榴在整个发育期中，都有裂果现象，但对生产威胁最大的是采果前和采果期（果实着色以后）裂果。此时，果实临近成熟，内含积累物质水解，果实水势下降，果皮组织抗硬压力减小，若遇环境水分骤变，果皮大量吸水而产生异常膨压，当超过果皮所承受最大强力后即破裂开。石榴裂果是由生理性病变所致。

（一）为害状

石榴裂果以果实中部横向裂开为主，纵向，斜裂较少，也有纵，横，斜向混合于一果裂开的。始裂口一般以向阳面为主，有机械伤的部位易先裂，就整个树冠果实而言，外围果实裂果重于内膛果实。可见阳光照射而产生的日灼，组织老化，机械伤口，果皮薄，衰老微裂都可成为始裂口。

（二）病因

引起裂果原因一是内因二是外因。内因：果实发育前期，随着果皮细胞体积的增大，细胞间隙扩大，果实水势提高，果皮的延展性强，极少裂果。果实临近成熟，果皮组织延展性降低，果皮细胞间隙变小，组织致密，角质化增强，质地变脆。外因：在果实临近成熟时，如遇久旱突降雨水，树体含水量上升，叶片蒸滕差，使果内膨压上升，引起裂果。或果实临近成熟遇高湿，干燥和强光照射，更使外果皮细胞和组织的增大受到损害，加速了它的衰老，所以裂果数量集中，数量大，损失重。

第二节　石榴主要害虫发生与为害

一、桃蛀野螟

桃蛀野螟属鳞翅目，螟蛾科。又名桃蛀螟、豹纹斑螟、桃实螟，俗称桃蛀食心虫等。

（一）为害状

食性很杂，主要为害石榴、桃、杏、李、梨、苹果、山楂、樱桃、板栗、柿等果树，还为害多种作物，如向日葵、麻类、棉花和豆类等。幼虫主要为害果实和种子。为害石榴果的幼虫多数从萼筒蛀入果内，少数从萼筒周围蛀入。一直蛀入果心，食害籽粒，果内充满粪便，易引起裂果和霉烂，果面表现带褐色、凹陷的症状；蛀食果实，多先在果梗、果蒂基部吐丝，然后从果梗基部沿果心蛀入果心，咬食嫩核仁和果肉，果实被蛀后流出黏胶，并有大量红褐色粒状虫粪，果内也充满虫粪，使果实不能发育，容易霉烂，不堪食用。俗语有“十果九蛀”说明该虫对果实的为害严重性；还可蛀食向日葵的花、种子、花托、卷叶和花盘，玉米的茎和雌蕊，棉花的青铃。对杏的为害时，一般无虫粪便出，受害果变黄而脱落。

（二）形态特征

1. 成虫

体长 12mm 左右，翅展 26mm 左右，体为黄色。胸部、腹部及翅面上具有黑色斑点，胸部背面有长鳞毛并有明显的 3 个黑斑，前翅有 23 ~ 26 个黑斑，后翅约有 15 个黑斑。腹部第 1 和第 3 ~6 节背面各有 3 个黑斑，第 7 节只有 1 个黑斑，第 2、

第 8 节无黑斑，雄虫腹部第 9 节末端黑色，雌蛾则无。

2. 卵

椭圆形，长约 0.66mm，表面有细微圆点，初产时乳白色，近孵化时红褐色。

3. 幼虫

幼虫老熟体长约 22mm，体色多变，有灰褐色，淡灰蓝色。体背面具紫红色彩。头暗褐色，前胸背板褐色，臀板灰褐色。腹足趾钩双序缺环。腹部各节背面各有 4 个毛片，前 2 个较大，后 2 个较小。雄性第 3 龄以后，第 5 节背面出现 2 个暗灰色黑斑，即为雄性腺。雌性则无。

4. 蛹

体长 13mm 左右，褐色至深褐色，翅芽达第 5 腹节，腹部第 5 ~7 节前缘过有一列小突起，腹部末端有卷曲的臀刺 6 根。

5. 茧

长椭圆形，灰白色，茧外常附有碎屑杂物。

（三）发生规律

由于寄主多，食性杂，生活习性也比较复杂。年发生世代也不一致，四川攀西地区的会理和西昌一年 2 ~3 代。均以老熟幼虫在石榴、桃、杏等果树老缝隙，树洞内、梯田边、向日葵花盘、玉米茎秆内及石榴挂树虫僵果内等处越冬。由于越冬寄主复杂，越冬场所分散。一般越冬幼虫于翌年 4 月份开始化蛹，化蛹期也不整齐。成虫于 5 月下旬至 6 月中旬出现。以后各世代重叠现象严重。

成虫大多于夜间羽化，以 20 ~22 时为盛期。成虫刚羽化后，两对翅向上竖立，触角频频颤动，经 5 ~15 分钟后，翅才平展于体上，开始爬行或飞翔。成虫白天及阴雨天不活动，停伏于叶背面，夜间活动，但趋光性不强。成虫有取食花蜜的习性，以傍晚取食最盛。雌蛾经补充营养和交尾后，多于夜间产卵，主要集中在22时产卵。卵散产，也有2～5粒连成一块的，在石榴上，多产在果柄，果实胴部，也有产在萼筒内。

卵历期一般为6～8天。在石榴果上的初孵幼虫选择从萼筒周围附近蛀入果内。在向日葵上，则是花盘边缘向内蛀食，将种粒咬空，仅剩外壳；在玉米上，先从雄花、花梗或叶鞘处蛀入，然后再蛀茎秆和雌穗。在果内一般为害约经20天，老熟幼虫于果与果之间，果与结果枝之间化蛹，蛹期约10天左右。在四川攀西地区6～8月是为害石榴最严重时段。

桃蛀野螟的发生与降雨量有一定的关系，一般雨量充足。相对湿度在80%以上的环境对其发生有利，越冬幼虫存活和化蛹及羽化率较高。其幼虫天敌主要寄生蜂（黄眶离缘姬蜂），成虫有一种蜘蛛、蛹期发现有一种广大腿小蜂。

二、咖啡木蠹蛾

咖啡木蠹蛾又名咖啡豹蠹蛾。属鳞翅目，木蠹蛾科。

（一）为害状

以幼虫为害石榴树干和枝条，被害部以上的枝条枯死或被大风所折断。石榴枝干被害率在30%以上，严重的高达50%左右。

（二）形态特征

1. 成虫

雌虫体长12～26mm，翅展13～18mm。雄虫体长11～20mm，翅展10～14mm。体灰白色，具青蓝色斑点。雌虫触角丝状，雄虫触角基半部羽状，端前部丝状，触角黑色，上具白色短绒毛。复眼黑色，口器退化，胸部具白色长绒毛，中胸背板两侧有3对由青蓝色鳞片组成的园斑。翅灰白色，翅脉间密布青蓝色短斜斑点，外缘有 8 个近圆形的青蓝色斑点。胸足被黄褐色与灰白色绒毛，胫节和跗节为青蓝色鳞片覆盖。雄虫前足胫节内侧着生一个比胫节略短的前胫突。腹部被白色细毛。第 3 ~7 节的背面及侧面有 5 个青蓝色毛斑组成的横裂。第 8 腹节背面则几乎为青蓝色鳞片覆盖。

2. 卵

椭圆形，长约 0. 9mm，杏黄色或淡黄白色，孵化前为紫黑色。卵壳薄，表面光滑，成块状紧密黏结于枯枝虫道内。

3. 幼虫

初孵幼虫体长 1. 5 ~2mm，紫黑色，随着虫体的生长色泽变为暗紫红色。老熟幼虫体长约 30mm 左右。头橘红色，头顶、上颚及单眼区域黑色，体淡赤黄色。前胸背板黑色，较硬，后缘有锯齿状小刺一排，中胸至腹部各节有成横排的黑褐色小颗粒状隆起。

4. 蛹

长圆筒形，雌蛹长 16 ~27mm，雄蛹长 14 ~19mm，褐色。蛹的头端有一尖的突起，色泽较深。腹部 3 ~9 节的背侧面，甚至腹面，有小刺列，腹部末端有 6 对臀刺。

(三) 发生规律

咖啡木蠹蛾在四川攀西地区，一年发生 1 代，以幼虫在被害枝条的虫道内越冬。翌年 3 月中旬左右越冬幼虫开始取食，4 月中下旬至 6 月中下旬化蛹，5 月中旬成虫开始羽化，7 月上旬成虫羽化结束。越冬后的幼虫在头年被害枯枝继续取食或转枝为害。正在发芽的枝条被蛀食后，展开的新叶及嫩梢很快枯萎，其为害症状非常明显。幼虫老熟后在化蛹前，咬破虫道壁的木质部，在其皮层上预筑一近圆形的羽化孔盖，孔盖边缘与树皮略略为分离，在孔盖下方 8mm 处，幼虫吐丝缀合木屑将虫道堵塞，并做成一斜向的羽化孔道，在羽化孔上方幼虫用丝和木屑封隔虫道，筑成蛹室。幼虫在蛹室内约经3～5天后蜕皮化蛹，蛹期为13～27天。

成虫羽化后将蛹壳留在羽化孔口，长久不落。在田间5月下旬左右是成虫羽化盛期。成虫昼伏夜出，白天静伏不动，黄昏后出行活动。成虫趋光性弱。每雌一生可产卵244～1132粒，一般在600粒左右，卵单粒散产，产于树皮缝，旧虫道或石榴等寄生新梢上或芽腋处。

幼虫孵化后，吐丝结网覆盖已孵化后卵壳（块），然后群集于丝幕下取食卵壳。2～3天扩散在石榴树上，幼虫分散后，自嫩梢顶端几个腋芽处蛀入，虫道向上，蛀入后1～2天，蛀孔以上的叶柄凋萎，干枯，并常在蛀孔处折断。幼虫为害有转移习性。经蛀入取食后4～5天，幼虫钻出来，向下转移至新梢，由腋芽处蛀入，此时为害症状逐渐明显，到6～7月间，当幼虫向下部2年生转移为害时，因气温升高，枝条枯死速度加快，田间枝条为害症状非常明显。幼虫蛀入枝条后，在木质部与韧皮部之间环绕蛀食1圈后，由于输导组织被破坏，枝条很快枯死，幼虫在枯枝内筑道，一遇大风吹，被害枝常从蛀害处折断。到10月下旬至11月上旬，幼虫在虫道内吐丝缀合虫粪，在其内越冬。

三、石榴巾夜蛾

石榴巾夜蛾属鳞目，夜蛾科。又名石榴夜蛾、石榴叶夜蛾。

（一）为害状

石榴夜巾蛾是石榴的主要害虫之一。以幼虫为害石榴嫩芽和幼叶以及成叶。轻者吃成许多孔洞和缺刻，严重者将叶片吃光，仅剩主脉和叶柄。成虫还能在夜间吸食果实的汁液，造成伤果能致果实腐烂。

（二）形态特征

1. 成虫

体长 18 ~ 20mm，翅展 43 ~ 46mm。头部和胸部褐色，腹部灰褐色。前翅内线外弯，内线以内黑褐色，中线直，较模糊，内线与中线间灰白色，满布褐色细点。肾纹为一黑棕色长点。外线外斜至 6 脉折向内斜，在 3 脉后垂向后缘，中外线间黑棕色，外线外侧衬白色，亚端线不明显，与外线间褐色，与端线间灰褐色，其间翅脉呈灰白色。顶角有二齿形黑棕色。后翅暗棕色，端区灰褐色，中带白色。

2. 卵

馒头形，顶部平滑，底端稍圆，灰绿色。

3. 幼虫

老熟幼虫体长 43 ~ 50mm，头部灰褐色，具有暗褐色和紫色不规则花斑。头顶区有两块大的黄白斑，额中央有一条黑褐纵纹。体背茶褐色，满布黑褐色不规则斑纹，背线及气门上线淡赤青色，亚背线及气门线黑褐色，身体腹面淡青色，腹线黑褐色。胸足紫红色，腹足外侧茶褐色，暗黑斑，腹足内侧紫红色。第 1.2 腹节常曲成桥形，前端稍尖，第 1 对腹足很小，第 2 对较小。气门椭圆形。围气门片黑色。整个身体颜色似石榴色（拟态）。

4. 蛹

体长 19 ~ 21mm，红褐色，体表被白粉。

（三）发生规律

石榴巾夜蛾一年发生 2 ~ 3 代，以蛹在树下附近的土中越冬，第二年春季石榴树展叶后，越冬代成虫出现，5 月下旬至 6 月初为越冬代成虫盛发期。6 月下旬第一代幼虫大量出现，7

月中下旬为第一代成虫发生期。9 月中旬为第二代成虫发生期。成虫有较强的趋光性和趋化性（特别对石榴烂果汁），为昼伏夜出，一般日落后 1 ~2 小时即飞向石榴树上活动，交尾和产卵，一般气温在 23℃ ~24℃时，成虫最为活跃，当气温在 17℃ ~18℃，成虫在夜间活动至 2：00 －3：00 时即停止活动。当气温在 12℃ ~13℃时，活动量减小，到 10℃以下成虫基本不活动。成虫卵产于石榴枝干上，幼虫主要为害石榴芽叶，一般白天不为害，静止于枝干上，由于体色与石榴枝条相似，不易被发现，到夜间进行取食活动，果园外缘的果树受害重于果园中间的果树，在整个石榴树年生长期中，以 8 月份受害最为严重。

四、玫瑰巾夜蛾

玫瑰巾夜蛾属鳞翅目，夜蛾科。。别名月季造桥虫，蓖麻褐夜蛾。

（一）为害状

幼虫食害叶片成洞孔或缺刻。也为害花蕾和花瓣。

（二）形态特征

1. 成虫

体长 18 ~20mm，翅展 43 ~46mm，体褐色。前翅赭褐色，翅中间具白色中带，中带两端具赭褐色点。顶角处有从前缘向外斜伸的白线 1 条，外斜至第 1 中脉，后翅褐色，有白色中带。

2. 卵

球形，黄白色。

3. 幼虫

老熟幼虫体长 40 ~49mm，青褐色，有红褐色不规则斑纹，腹部1节背面具黄白色小斑1对，第8节背面有黑色小斑1对，第1对腹足小，臀足发达。

4. 蛹

体长20mm，红褐色，被有紫灰色蜡粉。尾节有数条隆起线。

（三）发生规律

一年发生3代，以蛹在土中越冬，翌年4月下旬至5月上旬羽化，成虫多在夜间交尾。产卵于叶片背面，一般一叶1粒卵。幼虫期1个月，蛹期10天左右。6月上旬第1代成虫羽化，幼虫多在枝上或叶背面为害，拟态似小枝。幼虫老熟后入土化蛹。

五、石榴茎窗蛾

石榴茎窗蛾属鳞翅目，网蛾科。

（一）为害状

初孵幼虫，从石榴腋芽钻入，沿髓部向下蛀纵直隧道，造成枝条枯死，严重影响石榴的生长发育和开花结果，导致当年产量下降。

（二）形态特征

1. 成虫

体长11～15mm，翅展30～37mm，胸部乳白色微黄，腹部白色，各节背面有茶褐色横带。前翅和后翅大部分透明，有丝光。翅面白色，略有紫色光泽。前翅顶角镰刀形，顶角下微呈粉白色，径脉与中脉间有少许网纹。前翅前缘有数条茶褐色斜纹，中室透明，翅顶有一浓茶褐色斑纹，弯曲呈钩状，中间有2条翅脉穿过，臀角后缘有浓茶褐色短横纹数条。后翅乳白色，外缘略成褐色，其上有茶褐色横带，翅基的棕色条纹短宽，不规则，中带4线宽大，前端合并，近后缘呈二分支，近外缘的外带4线明显而规则，大致平行。

2. 卵

瓶形，长径1mm左右，短径约0.7mm，橘黄色至橘红色，表面有纵隆起纹，各纵纹间有细的横格，顶端有突起。

3. 幼虫

体长约32~35mm，长圆柱形，淡青黄色，头部褐色。前胸背板发达，浅褐色，后缘中央有黑褐色弧形带，其上有短齿。腹部末节坚硬，深褐色，上生乳白色细毛，背面向下斜截，末端分叉。

4. 蛹

体长约14~23mm，褐色，长圆筒形，头顶平截，黑褐色，尾部末端圆锥形，黑褐色。

（三）发生规律

石榴茎窗蛾一年发生1代，以幼虫在被害枝条内越冬。翌年5月中旬开始化蛹，蛹期大约15天，6月下旬开始羽化，并交尾产卵，幼虫孵化后即蛀入枝条内为害，致11月在枝条内越冬。越冬后的幼虫，在第二年3、4月间继续在被蛀枝条内取食危害，幼虫老熟后，多在枝条分叉处下方约2cm处，向外开一椭圆形小孔作为羽化孔，并在孔口内壁封一层灰白色薄膜，幼虫即在下方2~3cm处的虫道内化蛹，蛹体向上，直立于虫道（隧道）内。6月上旬开始出现成虫，6月底至7月上为成虫盛发期，成虫发生期较长，直至7月底在果园内仍有成虫出现。成虫产卵于嫩梢顶部的几个芽腋处，单产或常数粒在一起。幼虫孵化后，自芽腋蛀入，沿髓部向下纵直蛀入，并在蛀孔不远处向外开一排粪孔，被害枝梢3~5月内即出现枯萎状，很容易发现。随着虫龄的增大，隧道逐渐向下伸并增大，排粪之间的距离也随之增长，隧道可一直向下延伸至2年生以上的大枝内为害，最长者可达1米深。被害枝条当年很少枯死，从表现上看不出受害症状表现，到第二年3、4月间越冬后的幼虫继续活动和为害后，即被害枝条就会出现枯死症状。幼虫孵化后自蛀入枝梢内，一般不会有转移枝条为害的情况发生。

七、斑胸蜡天牛

斑胸蜡天牛属鞘翅目，天牛科。

（一）为害状

此虫是石榴蛀干害虫之一。除为害石榴外，还可为害苹果、梨、柑橘、桑、蓖麻等，尤其对石榴枝干为害最为突出，幼虫在枝干中钻蛀，造成枝干枯死，并常与咖啡豹蠹蛾混合发生。

（二）形态特征

1. 成虫

体长10~18.5mm，全体蜡黄色或蜡棕黄色，头和前胸背板色泽较暗，全体被灰色的短绒毛。复眼黑色，突出，周围有灰白色短绒毛密集。触角细长，11节，第1节呈圆筒状，第2节最短，第3节与第1节等长或稍短，第4节短于第1、3、5节，第5节最长，与第6~11节长度之合相等。触角内侧具有较密的缨毛。头部较短，前胸背板长大于宽，两侧稍成圆弧，无侧刺突。背面刻点较粗大，小盾片半圆形。前足基节窝对后侧片开放。中足基节窝对后对后侧片关闭，腿节后半部突然膨大成棒状，中后足腿节的棒状部分超过腿节的2/3，后足腿节达于第四腹节端部或稍超过腿节的1/2，后足跗节第一体段长于2/3跗节的总和。

2. 卵

长椭圆形，乳白色，长径1.2～1.4mm。

3. 幼虫

老熟幼虫体长11.0～19.5mm。头胸部略扁平，腹部近圆筒状，全体乳白色，头部棕褐色，口器黑褐色。胸部背面有两块长方形乳白色光滑斑纹，胸腹背面各有7～8个明显的行动器。

4. 蛹

离蛹，体长11.0～17.8mm，初蛹为乳白色，老熟后变成蜡黄棕色。翅芽以背面两侧弯向腹面，盖着第3对足，触角沿第3对足弯向腹面呈环状。

（三）发生规律

此虫在四川西昌一年发生1代，少数2年1代，一年1代的幼虫在枝干内蛀食居留9～11个月之久，少数幼虫在虫道内蛀食居留18～19个月之久，由于四川攀西地区在冬季部分幼虫仍然能取食为害，以幼虫在树干蛀道内越冬。来年3月上中旬开始化蛹，3月下旬至5月上旬化蛹盛期。蛹期15～28天，4月上旬到5月中旬成虫开始羽化，羽化的成虫在蛹室内停留10～15天左右。成虫从蛀道飞出后3～5天开始交尾，雌虫产卵于翘皮、树洞、裂缝、孔隙或叶背面，每处产卵5～12粒不等，也有单粒产在一处，卵历期8～12天，成虫寿命12～16天。幼虫孵化后先取食卵壳，幼龄幼虫先在树皮与木质之间取食，然后向木质部蛀入，开初蛀道较小，以后逐步增大，在蛀道孔口处有粉末状至粉粒状的虫粪推出。此虫发生期不整齐，有世代重叠和各虫态混存的情况，给防治带不难度。

八、梨眼天牛

梨眼天牛属鞘翅目，天牛科。又名梨绿天牛，一簇毛哈虫。

（一）为害状

梨眼天牛以幼虫多为害 3、4 年生枝条，被害处树皮破裂，并充分烟丝状木屑，受害树发育不良，受害枝易折损。

（二）形态特征

1. 成虫

体长 10 ~ 12mm。体长椭圆形、橙黄色、体被细长的坚毛。翅鞘蓝色，有光泽。头、胸、腹和足皆为橙黄色。后胸腹板两侧各有些黑色或紫色大斑。复眼黑色，触角 11 节，密被长毛，雄虫触角与身体等长，雌虫触角略短于身体。

2. 卵

白色，长椭圆形。

3. 幼虫

长约 24mm，初孵幼虫乳白色，后变为橙黄色。前胸背板方形。胸足退化成刺状，腹部前 7 节的背腹板均有卵形瘤状突起。

4. 蛹

化蛹初期为黄白色，后期变为黄，近羽化时前翅与后胸腹板两侧变为蓝黑色，并具有金属光泽。

（三）发生规律

梨眼天牛两年发生 1 代，以 4、5 龄幼虫在被害枝内越冬，翌年 4 月中下旬在枝条虫道内化蛹，5 月中下旬羽化为成虫，6 月上旬羽化盛期。成虫补充营养时食害叶片的主脉及主脉基部的侧脉。成虫产卵时先将树皮咬破，然后产卵于表皮下，初孵幼虫先在皮下为害，在被害处有很细的粪便排出，稍大后钻入木质取食，在木质内由下向上蛀道取食，在虫道口外堆满烟丝状粪便。10 月下旬开始停止取食，进入越冬。到第二年 3 月越冬幼虫又恢复活动取食为害。

九、卵形短须螨

卵形短须螨属蛛形纲，真螨目，细须螨科。

（一）为害状

此螨是石榴重要害螨之一。多在叶片背面吸汁为害，呈油渍状的紫褐色斑块，被害叶片失去光泽，叶柄呈紫褐色，严重时叶柄霉烂，叶片脱落，树势衰退，严重时影响石榴产量和品质。

（二）形态特征

1. 雌螨

体长（包括喙）0. 3mm，宽 0. 16mm，体椭圆形，背腹扁平，红色。喙板中央深裂，须肢 4 节，前足体背毛 3 对。后半体具背毛 4 对，背侧毛 5 对，肩毛 1 对，全部背毛披针形。背面中央网纹不清晰，亚侧面呈网格状，网格的长一般大于宽。后半体两侧有小孔 1 对。腹面具细小网格。后足体前腹中毛短小。腹板方形，具末体腹中毛 1 对。足Ⅰ、Ⅱ跗节顶端各着生 1 根枝状感毛。

2. 雄螨

体长（包括喙）0. 23mm，宽 0. 15mm，体形较雌螨细小。后足体与末体之间由一横纹所分隔。

3. 卵

椭圆形，表面平滑，初产时鲜红色，后渐变橙、橘红色，孵化前表面呈蜡白色。

4. 幼螨

近圆形，橙红色，体长 0. 11 ~ 0. 16mm，足 3 对，体末端有突起 2 对，2 对突起间有长毛 2 根。

5. 若螨

椭圆形，体长 0.20 ~ 0.27mm，淡橘红色，足 4 对，体色与成螨相似。眼点明显。

(三) 发生规律

该螨在一年发 6 ~ 7 代，以雌成螨群集于寄主根际或叶片或腋芽等处越冬。春季 15℃时，越冬雌成螨出蛰，爬至叶片上吸食为害。6 ~ 9 份发生最多，为害最重，完成一个世代需要 20 ~ 40 天。雌成螨产卵于叶背主脉两侧或叶柄，散产，卵期约 6 ~ 7 天。此螨发生初期，先多在石榴树下部叶片为害，随着数量的增多，逐渐上移。气温在 24℃ ~ 30℃，在干旱少雨的情况下，有利于此螨的发生和为害。树势弱管理粗放的果园为害重。

十、黄刺蛾

黄刺蛾属鳞刺目，刺蛾科。

(一) 为害状

黄刺蛾是一种杂食性害虫。以幼虫为害叶片，幼龄幼虫只吃叶肉，残留叶脉，将叶片食成网状。大龄幼虫，将叶片吃成缺刻，仅留叶柄及主脉，严重时将叶片吃光。

(二) 形态特征

1. 成虫

体长 15mm 左右，翅展 33mm 左右。体肥大黄褐色，头胸及腹前端背面黄色。触角丝状灰褐色，复眼球形黑色。前翅顶角至后缘基部 1/3 处和臀角附近各有 1 根棕褐色细线，内侧线的外侧为黄褐色，内侧为黄色。沿外缘有棕褐色细线。黄色区有 2 个深褐色斑，均靠近黄褐色区，1 个近后缘，1 个在翅中部稍前。后翅淡黄褐色，边缘色较深。

2. 卵

椭圆形扁平，长 1.4 ~ 1.5mm，表面有线纹，初产时黄白，后变黑褐色，数十粒排列成块。

3. 幼虫

体长 16 ~ 25mm，肥大，呈长方形，黄绿色，背面有紫褐色哑铃形大斑，边缘发蓝。头较小，淡黄褐色。前胸盾半月形，黄绿色，左右各有一对褐斑。胴部第 2 节以后各节有 4 个横列的肉质突起，上生刚毛与毒毛，其中以第 3、4、10、11 节者较大，气门红褐色。气门上线黑褐色，气门下线黄褐色，臀板上有 2 个黑点，胸足极小，腹足退化。第 1 ~ 7 腹节腹面中部各有 1 扁圆形“吸盘”。

4. 蛹

体长 11 ~ 13mm，椭圆形，黄褐色。

5. 茧

石灰质坚硬，椭圆形，上有灰白和褐色纵纹似鸟卵。

（三）发生规律

一年发生 2 代。以老熟幼虫在枝干上的茧内越冬。5 月上旬化蛹，5 月下旬 ~ 6 月上旬羽化，幼虫发生在 6 月中旬 ~ 7 月上中旬。7 月中下旬为第一代成虫始见，8 月上中旬为第 2 代幼虫发生期。8 月下旬幼虫老熟开始结茧越冬。

十一、茶长卷叶蛾

茶长卷叶蛾属鳞目，卷蛾科。

（一）为害状

茶长卷叶蛾是一种杂食性食叶性害虫。初孵幼虫连缀叶尖。潜藏其中取食上表皮和叶肉，残留下表皮，使卷叶致枯黄薄膜斑状。大龄幼虫食叶成缺刻或洞孔。

（二）形态特征

1. 成虫

雌虫体长10mm，翅展23～30mm。触角丝状，翅近长方形，浅褐色，翅尖深褐色，翅面散生许多深褐色细纹，有的个体中间具一褐色的斜形横带，近翅基内缘鳞片较厚且伸出翅处。后翅肉黄色，扇形，前缘，外缘色稍深或大部分茶褐色。雄虫体长8mm，翅展19～23mm，前翅黄褐色，基部中央，翅尖浓褐色，前缘中央具一黑褐色圆形斑，前缘基部具一浓褐色近椭圆形突起，部分向后反折，盖在肩角处。

2. 卵

扁平椭圆形，浅黄色。

3. 幼虫

老熟幼虫体长18～26mm，体黄绿色，头黄褐色，前胸背板近半圆形，褐色，后缘及两侧暗褐色，两侧下各具2个黑褐色，椭圆形小角质点，胸足色暗。

4. 蛹

体长11～13mm，深褐色，臀棘长，有8个钩刺。

（三）发生规律

茶长卷叶蛾一年发生4代，以老熟幼虫在卷叶苞内或杂草丛中越冬。翌年4月上旬开始化蛹，4月下旬成虫羽化，成虫羽化后当天即可交尾产卵。第一代，幼虫期在5月中下旬。第二代，幼虫期在6月下旬至7月上旬。在7月中旬至9月发生第三代，9月上旬至来年4月发生第四代。其中以5～7月发生数量最大，为害最严重。成虫有趋光性和趋化性，白天潜伏在叶片中，下午日落前1～2小时最活跃。一雌一生平均可产卵330粒，卵成块状多产在老叶正面。初孵幼虫靠爬行或吐丝下垂分散，遇有幼芽叶后即吐丝缀连叶尖，潜伏其中取食。幼虫共6龄。幼虫老熟后多要离开原叶苞，重新吐丝缀连2片老叶，化蛹其中。

第三节 石榴主要病虫害绿色防控技术

一、农业防治

（一）栽培管理

养护好树体，增施有机肥，忌偏施氮肥，适当增施磷钾，疏花疏果，保持适挂果量，可减少石榴干腐病、疮痂病（麻皮病）以及褐斑病的发生。

（二）冬春季清园

在冬季彻底剪除虫病果特别是挂在树上的僵果，清除枯枝、落叶、集中烧毁，可起到减少石榴干腐病，引起早期落叶的褐斑病，以及桃蛀蛾、石榴巾夜蛾、黑蚱蝉、石榴茎窗蛾、咖啡木蠹蛾和各种介壳虫等危害的作用。

二、理化诱控技术

利用金龟子、咖啡木蠹蛾、棉铃虫和桃蛀螟等鳞翅目、鞘翅目害虫对光的趋性，在石榴园内可按每30~50亩安装1台太阳能双光波（波长320~680nm）杀虫灯实施灯光诱杀；利用棉蚜和西花蓟马对色板的趋性，在石榴树高1.5米处可挂置黄色和蓝色黏板进行诱杀，在石榴开花期和幼果期，一般挂450~600张/公顷（1公顷=10000m^2）。同时在黏板上添加性信息素，提高诱杀效果，增加诱杀量。

三、生物防控

常见的生物防控技术有以虫治虫、以菌治虫和以菌治菌。以虫治虫就是利用天敌昆虫如小花蝽、蚜茧蜂和瓢虫来控制石榴蚜虫、介壳虫和蓟马的发生为害；以菌治虫就是利用金龟子绿僵菌和Bt乳剂等微生物制剂可以防治棉铃虫、铜绿丽金龟等鞘翅目和鳞翅目害虫；以菌治菌就是利用地衣芽孢杆菌、枯草芽孢杆菌等有益微生物制剂灌根或喷雾，减轻石榴褐斑病、根腐病、枯萎病的发生。

四、科学用药

（一）休眠期的病虫害防治措施

树干涂白，涂白的目的一是保护树体不受冻害，二是起到防虫杀菌作用。在树干涂白之前，先用竹块刮除树干上的粗皮，翘皮，清理树缝后等，用生石灰10份，细硫黄粉1份，动（植）物油0.1份，水10份，混合调制而成，涂白树干。

树冠喷药在上述工作完成后，于石榴树萌芽前全树喷洒45%晶体石硫合剂30～50倍液和45%代森铵水剂100倍液。

（二）生长季节的病虫防治措施

石榴的整个生长季里，主要有石榴干腐病和疮痂病（麻皮病）以及褐斑病，这些病害从4～10月都能为害石榴，发病初期则开始喷施农药，以后视病害发生情况，每隔10～15天施1次药。尤其多雨季更应注意及时喷农药。果实膨大前至果实采收前20天，要特别防治干腐病。如果石榴疮痂病发生重的果园，应于谢花80%左右开始喷药，以后每隔10～15天1次，还应更加注意雨季来临之前一定要喷药保护。6月上旬，

7 月上中旬至 8 月上旬和 9 月上旬是桃蛀螟蛀果为害期，这三个时期是药剂防治的有利时期。或于石榴稳果后 15 ~ 20 天套袋，防治桃蛀螟，也能防治桃小食心虫。结合夏剪，彻底剪除被咖啡木蠹蛾和石榴茎窗蛾被害枝条，或用药剂堵虫孔。

附 录

附一 真菌的繁殖方法和昆虫的外部形态图

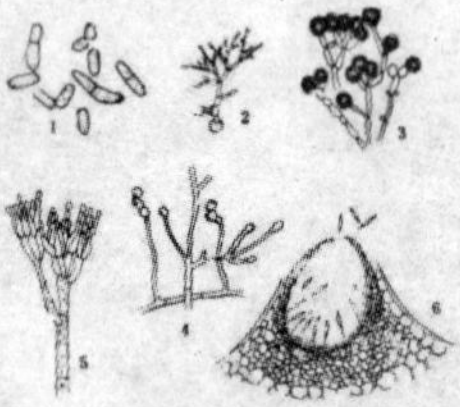

图 2-1 真菌的无性繁殖

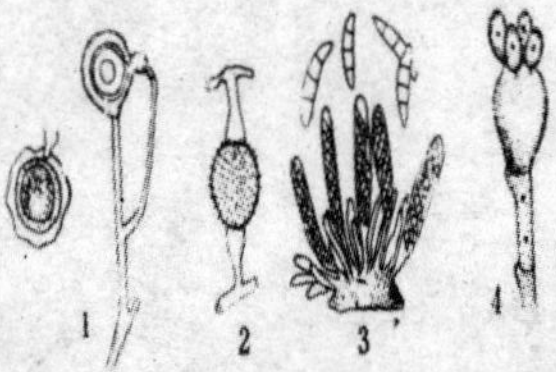

图 2-2 真菌的有性繁殖

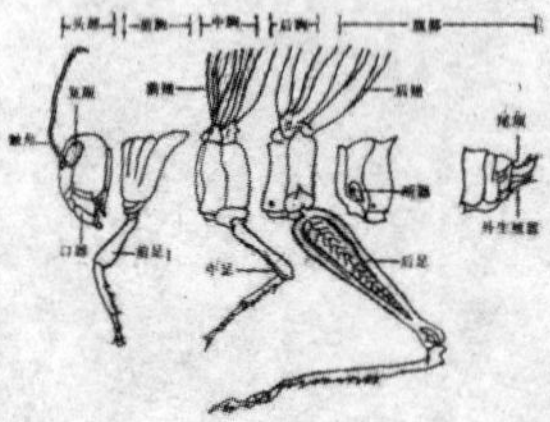

图 2-3 昆虫的头部及附器(以蝗虫为例)

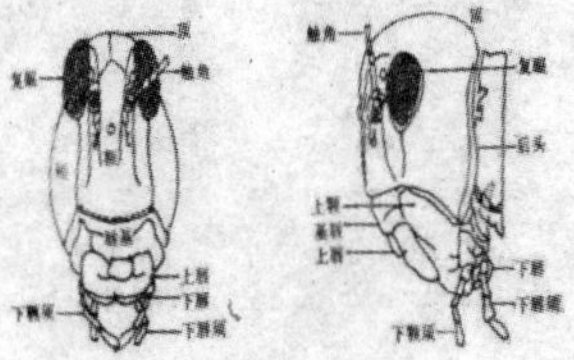

图 2-4 昆虫体躯的构造(以蝗虫为例)

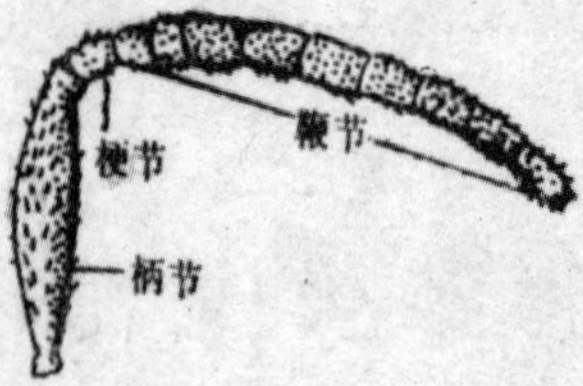

图 2-5 触角的基本构造(以蜜蜂为例)

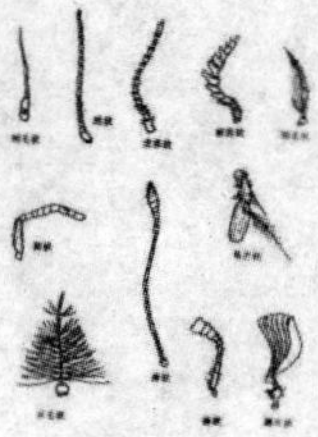

图 2-6 昆虫触角的类

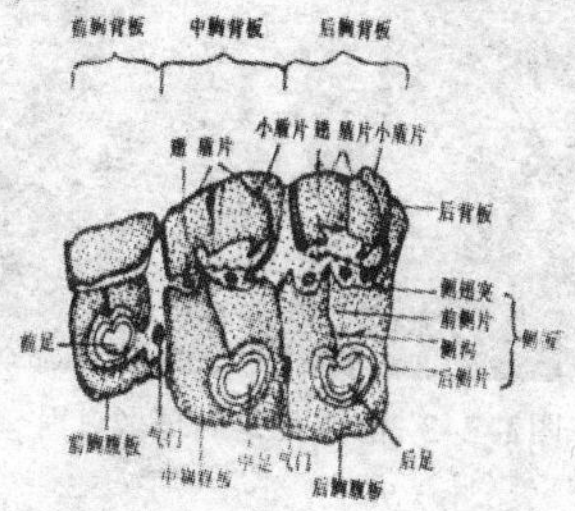

图2-7 昆虫胸部的基本构造

图2-8 昆虫胸足的基本构造(以蝗虫为例)

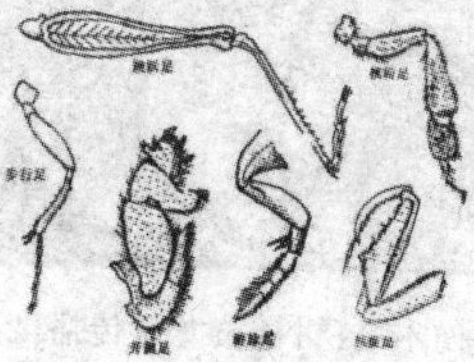

图2-9 翅的分区图

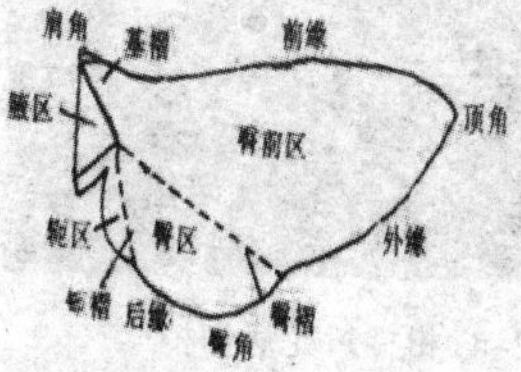

图2-10 昆虫足的类型

附二 柑橘主要病虫害图

图3-1 柑橘裂皮病

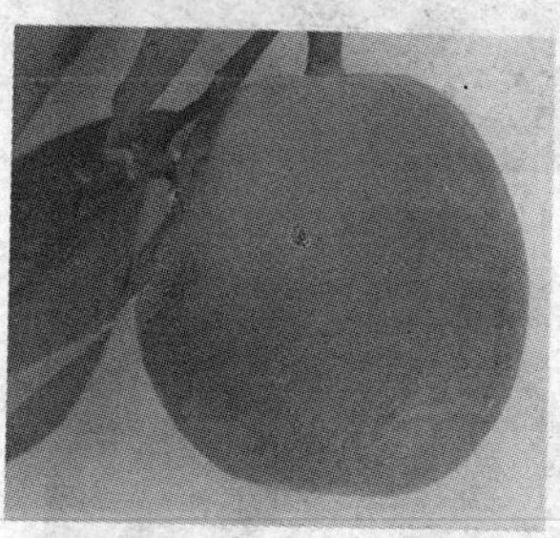

图3-2-1 柑橘黄龙病红鼻子果

图3-2-2 柑橘黄龙病前期果着色不均匀

图3-2-3 柑橘黄龙病斑驳叶片

图3-2-4 柑橘黄龙病病梢

图3-2-5 柑橘木虱(柑橘黄龙病传播昆虫)

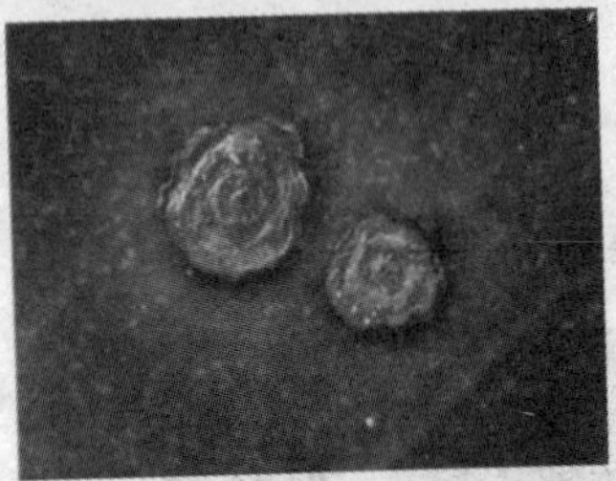

图3-3-1 柑橘溃疡病病叶(正面)

图3-3-2 柑橘溃疡病病叶(反面)

图3-3-3 柑橘溃疡病为害新梢图

图3-3-4 柑橘溃疡病为害的老枝

图3-3-5 满头红溃疡病形成的“火山口”

图3-3-6 脐橙溃疡病为害果

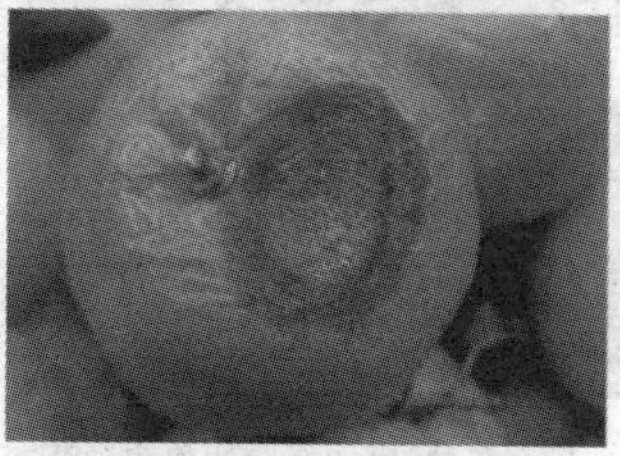

图3-4-1 柑橘炭疽病果实干疤型

图3-4-2 柑橘炭疽病为害果蒂形成褐色干腐坏死型症状

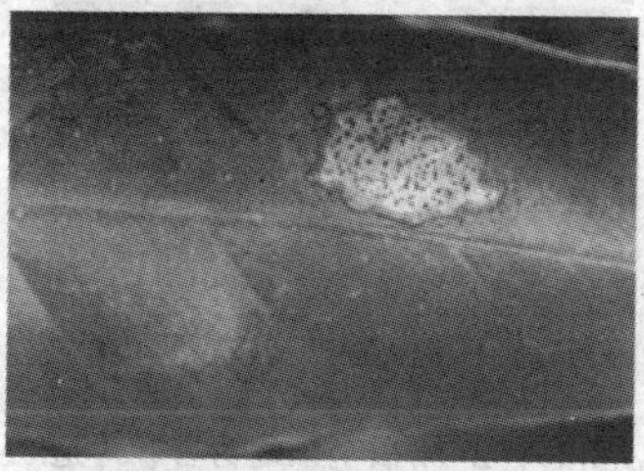

图3-4-3 柑橘炭疽病叶斑型

图3-4-4 柑橘炭疽病叶枯型

图3-5-1 柑橘疮痂病为害叶片呈漏斗状

图3-5-2 柑橘疮痂病黄褐色木栓化的突起

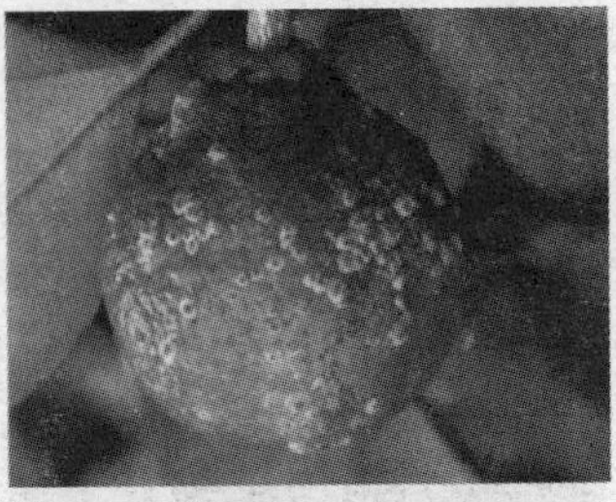

图3-5-3 疮痂病果上的瘤状突起

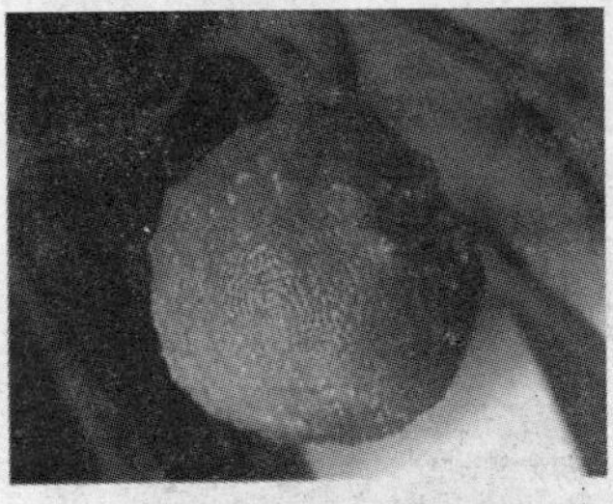

图3-5-4 疮痂病为害幼果

图3-6-1 柑橘树脂病枝条症状

图3-6-2 柑橘树脂病枝条症状

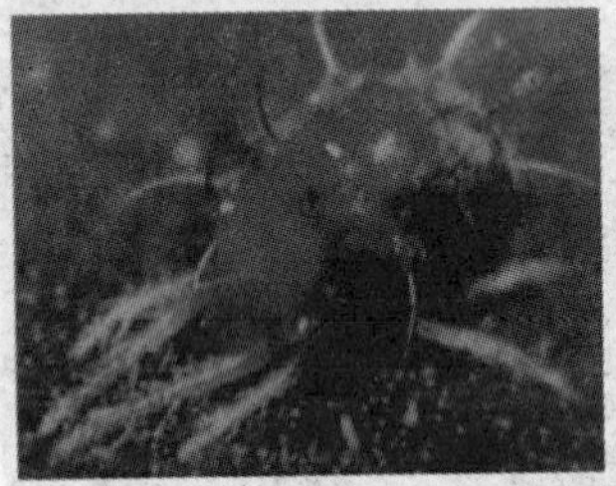

图3-7-1柑橘全爪螨成螨

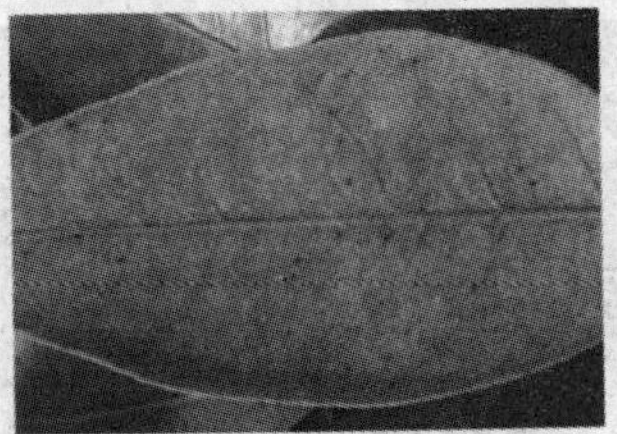

图3-7-2 柑橘全爪螨为害叶片造成灰白色小斑点

图3-7-3 柑橘全爪螨为害叶片状

图3-8-1 柑橘矢尖蚧为害枝

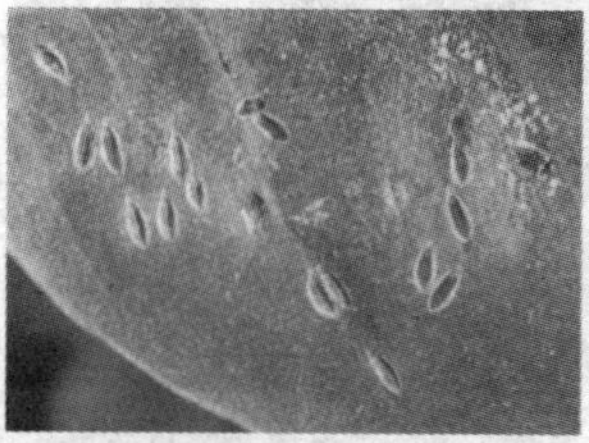

图3-8-2 柑橘矢尖蚧雌介壳

图3-8-3 柑橘矢尖蚧幼蚧为害叶片产生褪绿圆斑

图3-8-4 柑橘矢尖蚧严重为害叶片状

图3-8-5 柑橘矢尖蚧为害果

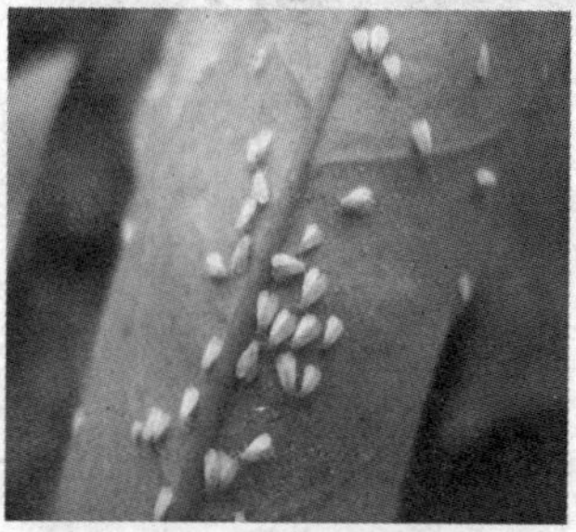

图3-9-1 柑橘粉虱成虫为害叶片

图3-9-2 柑橘粉虱诱发的煤烟病

图3-10-1 柑橘潜叶蛾为害果

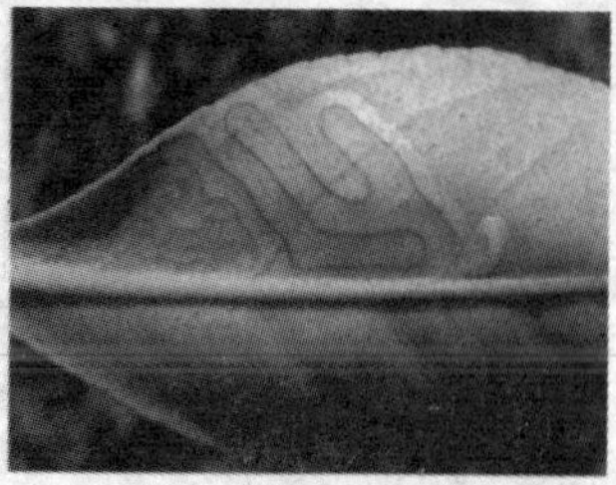

图3-10-2 柑橘潜叶蛾幼虫为害叶片

图3-10-3 柑橘潜叶蛾严重为害枝梢和叶片

图3-11-1 柑橘花蕾蛆幼虫

图3-11-2 柑橘花蕾蛆为害灯笼花(上)

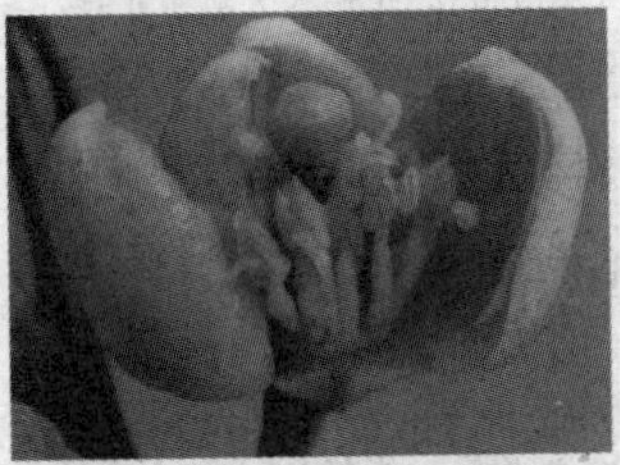

图3-11-3 柑橘花蕾蛆幼虫

图3-11-4 柑橘花蕾蛆为害花柱

图3-12 柑橘大实蝇

附三 梨树主要病虫害图

图4-1-1 梨黑星病(发病茎)

图4-1-2 梨黑星病(叶柄变黑)

图4-1-3 梨黑星病(发病茎)

图4-1-4 梨黑星病(叶柄变黑)

图4-2-1 梨黑斑病
(发病叶片后期症状)

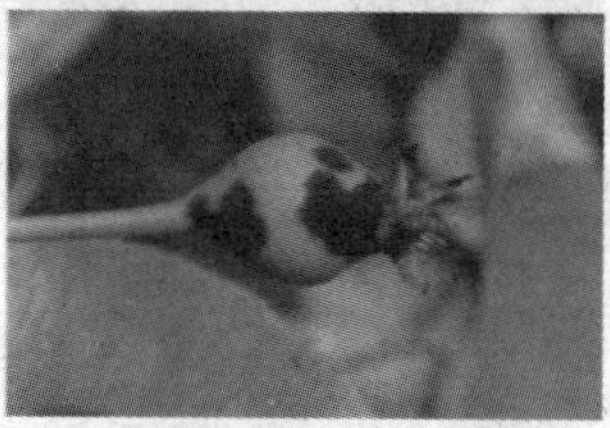

图4-2-2 梨黑斑病(发病果实症状)

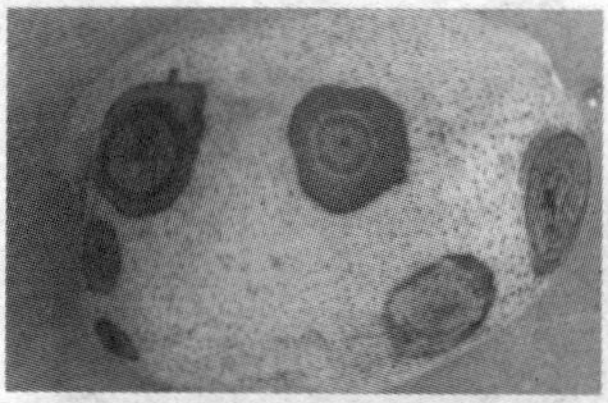

图4-3 梨轮纹病

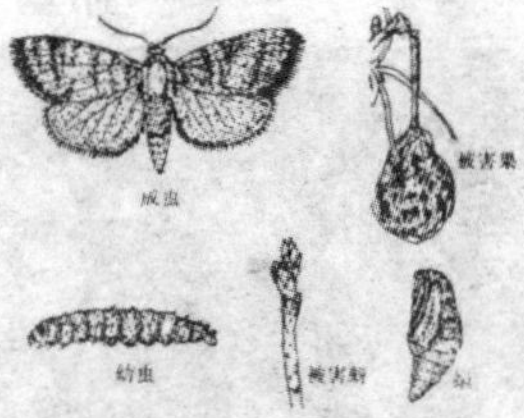

图4-4 梨云翅斑螟

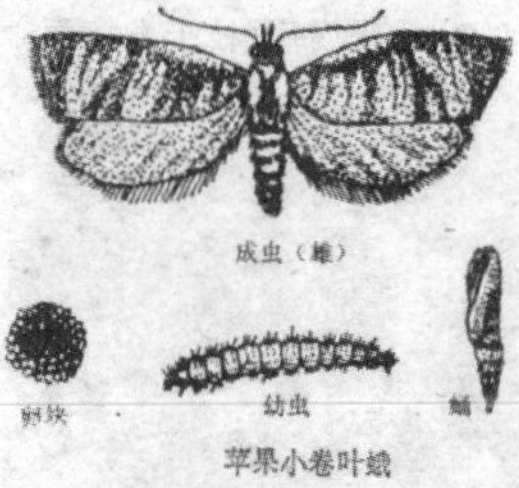

图4-5 苹小卷叶蛾

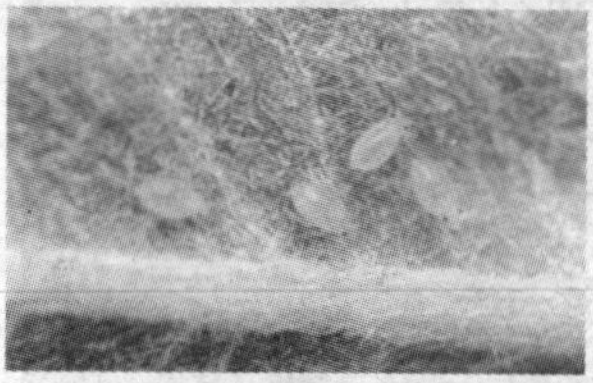

图4-6 梨二叉蚜

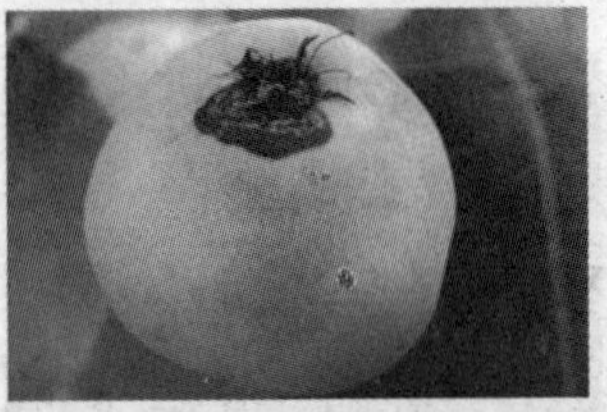

图4-7 梨黄粉蚜

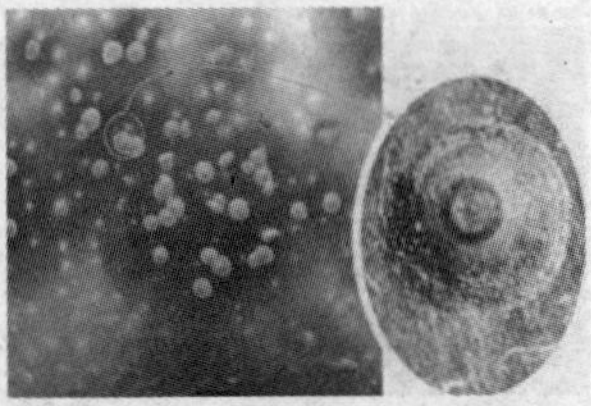

图4-8 梨枝圆盾蚧

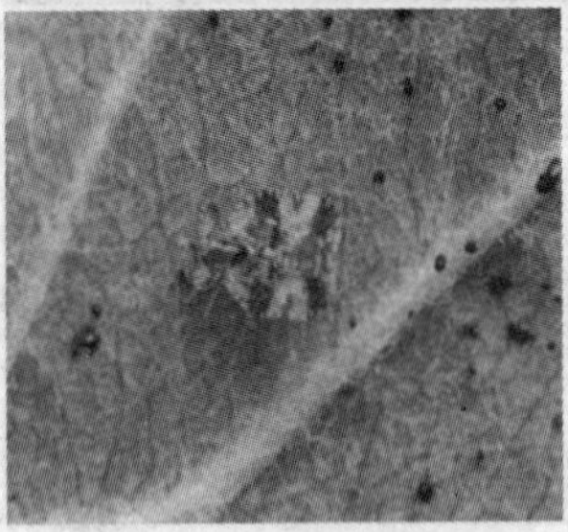

图4-9 梨冠网蝽

附四 桃树主要病虫害图

图5-1-1 桃褐腐病(叶片发病)

图5-1-2 桃褐腐病(枝干发病面)

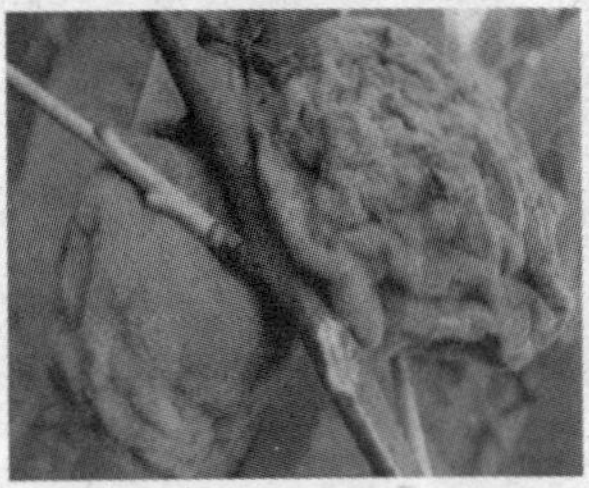

图5-1-3 桃褐腐病(僵果)

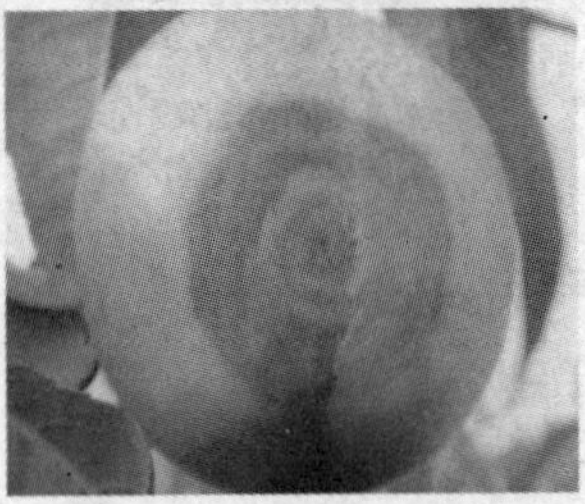

图5-1-4 桃褐腐病(病部有轮纹,产生小黑点)

图5-2-1 桃树炭疽病(发病叶片)

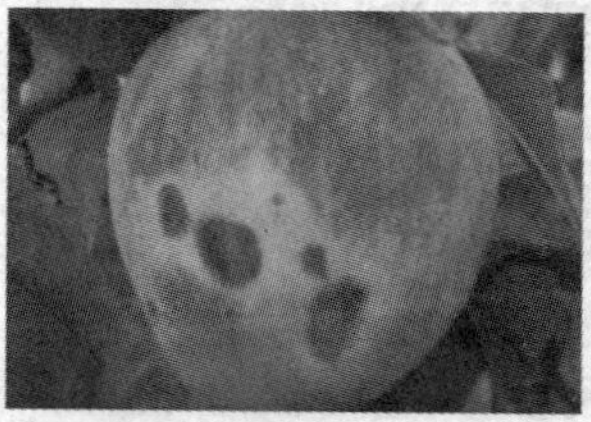

图5-2-2 桃树炭疽病(发病果实)

图5-3-1 桃疮痂病(黑星病)
(发病枝条)

图5-3-2 桃疮痂病(黑星病)
(灰色病斑)

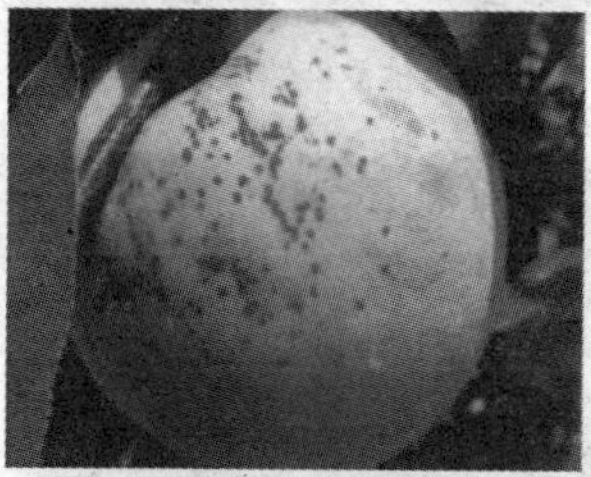

图5-3-3 桃疮痂病(黑星病)
(果实肩部近圆形病斑)

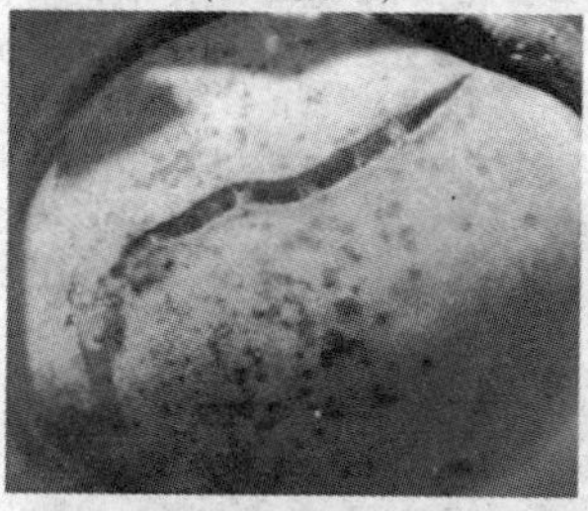

图5-3-4桃疮痂病(黑星病)(裂果)

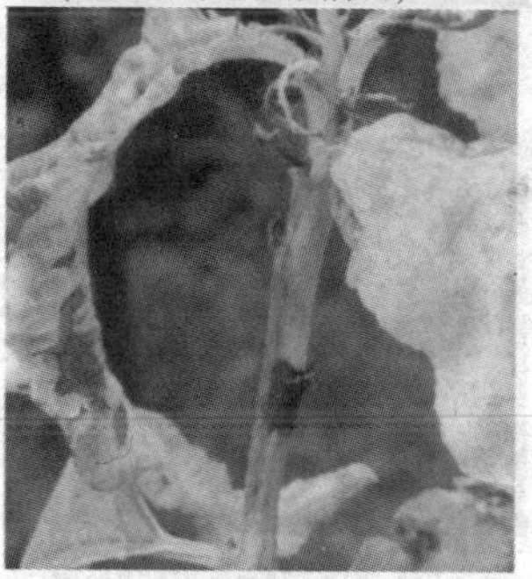

图5-4-1 桃缩叶病(茎部症状)

图5-4-2 桃缩叶病(发病叶片中期症状)

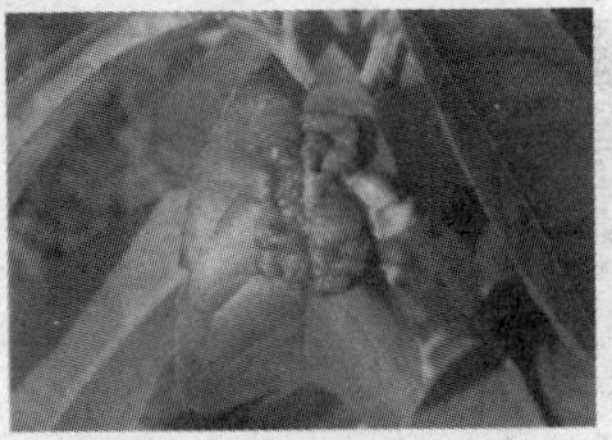

图5-4-3 桃缩叶病(发病叶片初期症状)

图5-4-4 桃缩叶病(发病叶片后期症状)

图5-5 桃细菌性穿孔病

图5-6 桃侵染性流胶病

图5-7 桃蛀螟(成虫)

图5-8-1 桃蚜(有翅蚜)

图5-8-2 桃蚜(聚集嫩枝部危害)

图5-8-3 桃蚜(无翅蚜)

图5-9　桃桑白盾蚧

图5-10　桃朝鲜球坚蚧

图5-11桃红颈天牛

附五　葡萄主要病虫害图

图6-1-1　葡萄炭疽病(示红色孢子块)

图6-1-2　葡萄炭疽病(果实干枯挂于枝头)

图6-2 葡萄白腐病(病果干缩)

图6-3 葡萄黑痘病(病果)

图6-4-1 葡萄霜霉病(发病初期叶正面)

图6-4-2 葡萄霜霉病(发病植株)

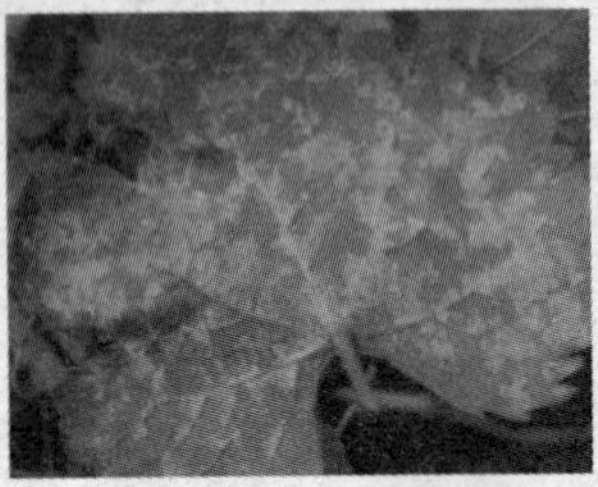

图6-4-3 葡萄霜霉病(叶正面霜霉)

图6-5-1 葡萄白粉病(发病叶片)

图6-5-2 葡萄白粉病(发病果实)

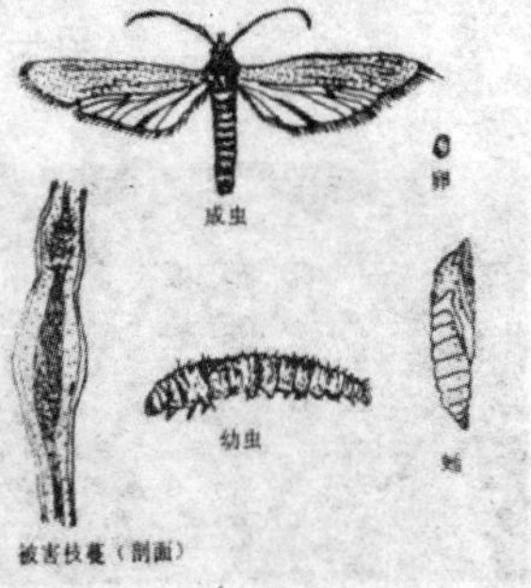

图6-6 葡萄透翅蛾图

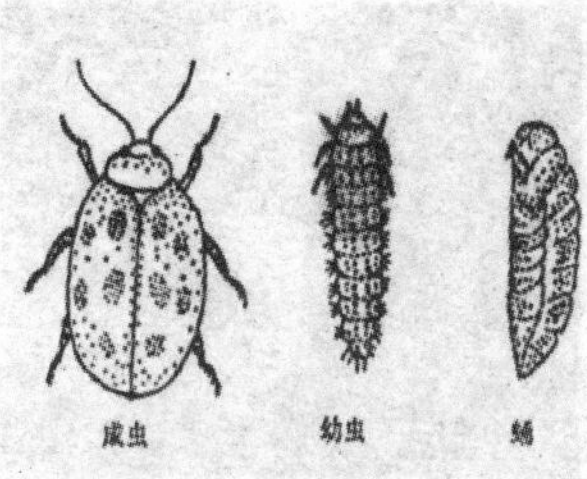

图6-7 葡萄十星叶甲

图6-8-1 斑衣蜡蝉(成虫)

图6-8-2 斑衣蜡蝉(低龄若虫)

附六 枇杷主要病虫害图

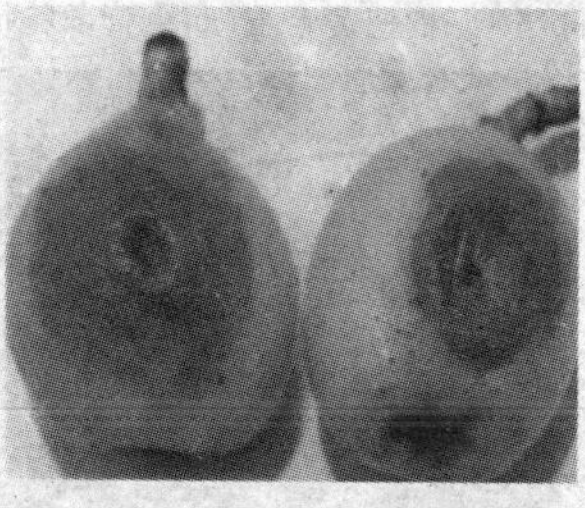

图7-1-1 枇杷炭疽病病果

图7-1-2 枇杷炭疽病病叶

图7-2-1 枇杷灰斑病病叶

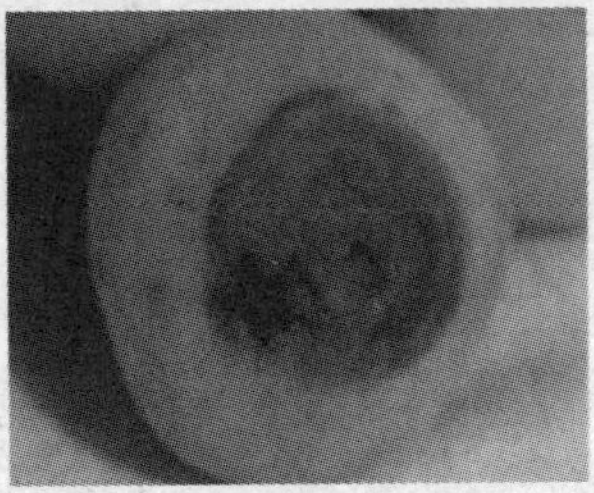
图 7-2-2 枇杷灰斑病病果

图7-3 枇杷烟霉病病叶

图7-4 枇杷疫病病果

图7-5-1 枇杷黄毛虫(幼虫体侧特征)

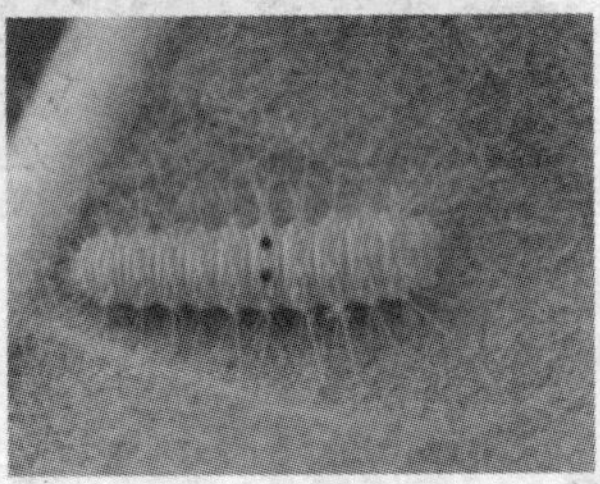
图7-5-2 枇杷黄毛虫(幼虫背部特征)

图7-6-1 枇杷苹掌舟蛾(体褐色老熟幼虫)

图7-6-2 枇杷苹掌舟蛾(蛹)

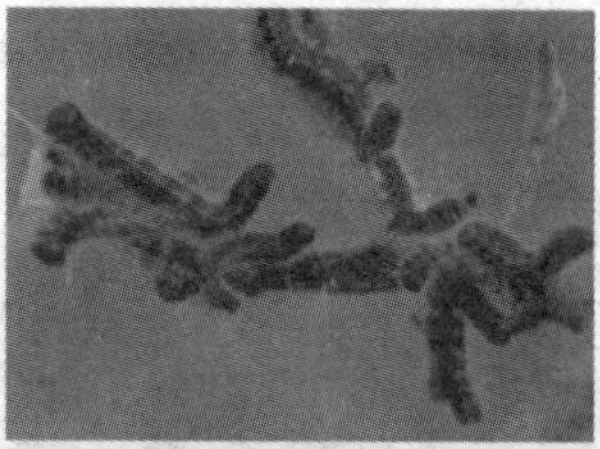

图7-6-3 枇杷苹掌舟蛾
(幼虫群集危害)

图7-6-4 枇杷苹掌舟蛾
(幼虫群集危害)

图7-6-5 枇杷苹掌舟蛾(体红色老熟幼虫)

图7-7-1枇杷果实象甲成虫啃食嫩叶

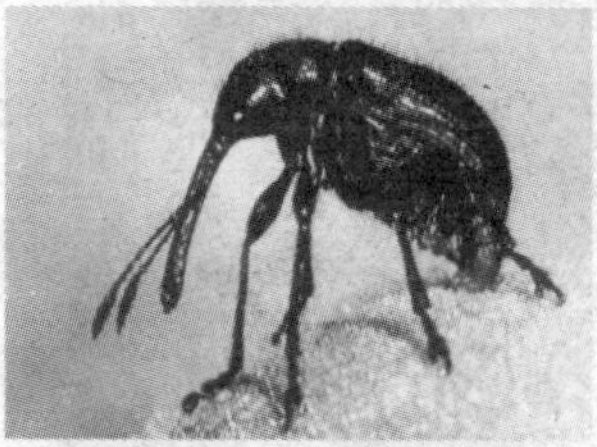

图7-7-2 枇杷园杏象甲成虫

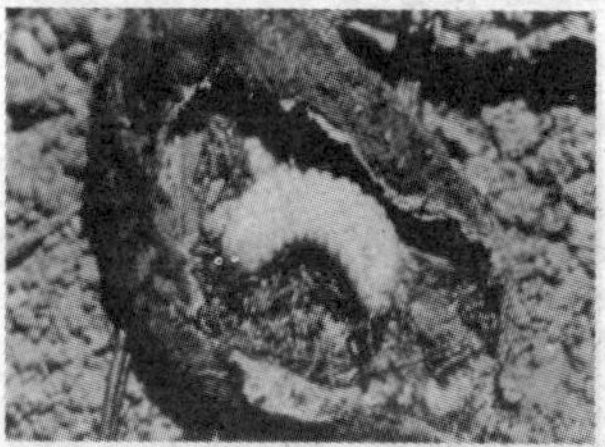

图7-7-3 枇杷园杏象甲幼虫

附七 猕猴桃主要病虫害图

图8-1-1 绑枝时造成的伤口感染
溃疡病症状

图8-1-2 猕猴桃溃疡病急性型病斑

图8-2 猕猴桃花腐病病花变褐腐烂

图8-3-1 猕猴桃褐斑病中期症状

图8-3-2 猕猴桃褐斑病后期症状

图8-4 铜绿金龟成虫放大

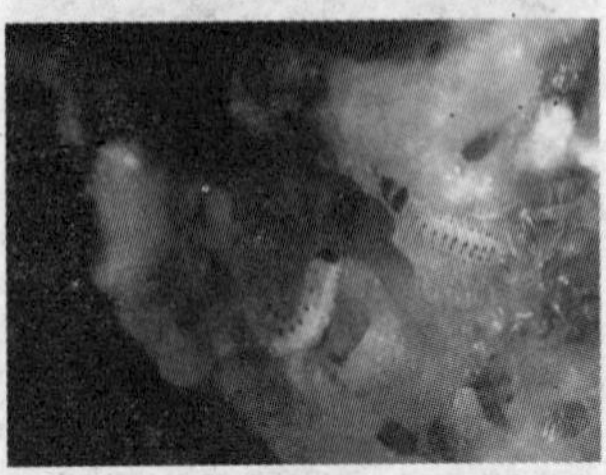
图8-5-1 泥黄露尾甲幼虫为害猕猴桃果实图

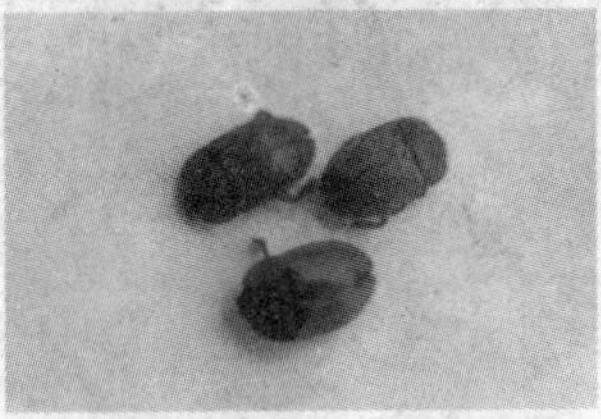
图8-5-2 黄泥尾甲成虫放大

附八 石榴主要病虫害图

图9-1-1 石榴干腐病(发病初期)

图9-1-2 石榴干腐病(病果腐烂)

图9-1-3 石榴干腐病(病果干腐)

图9-2-1 石榴疮痂病(病枝上病斑)

图9-2-2 石榴疮痂病(发病枝干)

图9-2-3 石榴疮痂病(发病萼片)

图9-2-4 石榴疮痂病(发病果实)

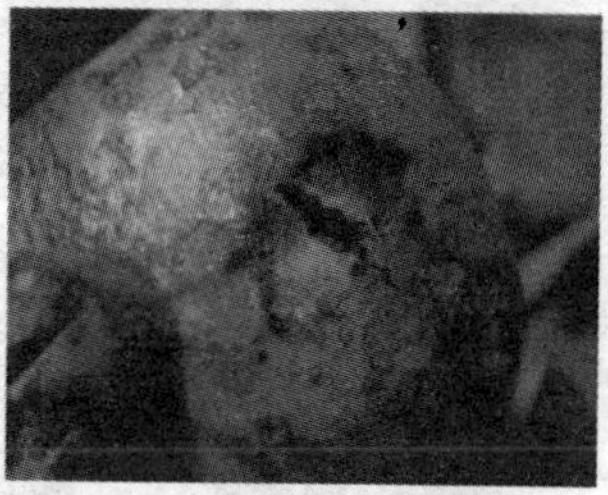

图9-2-5 石榴疮痂病(裂果开裂)

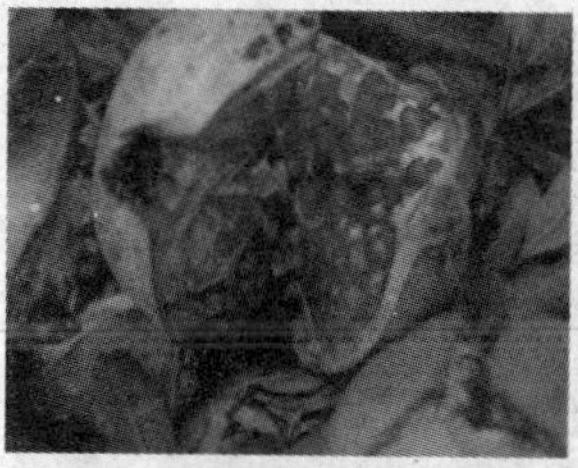

图9-3-1 石榴裂果(纵裂果)

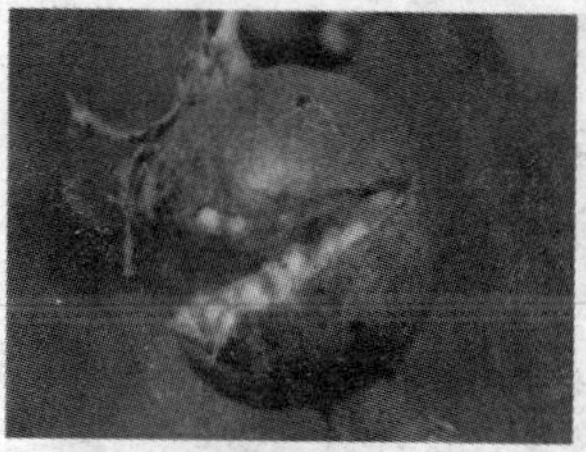

图9-3-2 石榴裂果(纵裂果)石榴裂果(横裂果)

图9-4-1 桃蛀野螟(成虫)

图9-4-2 桃蛀野螟的蛹

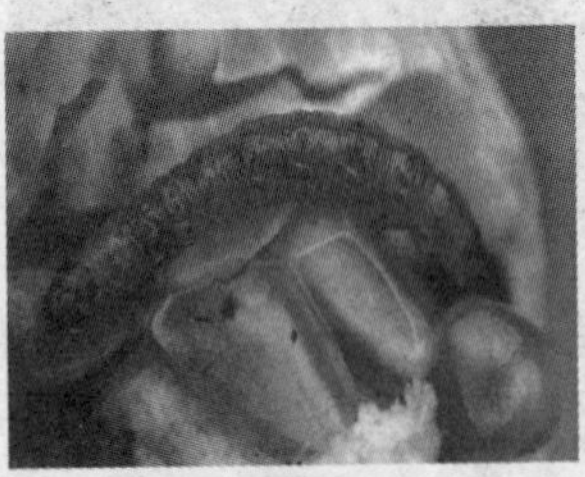

图9-4-3 桃蛀野螟幼虫为害果实状

图9-4-4 桃蛀野螟为害果实状

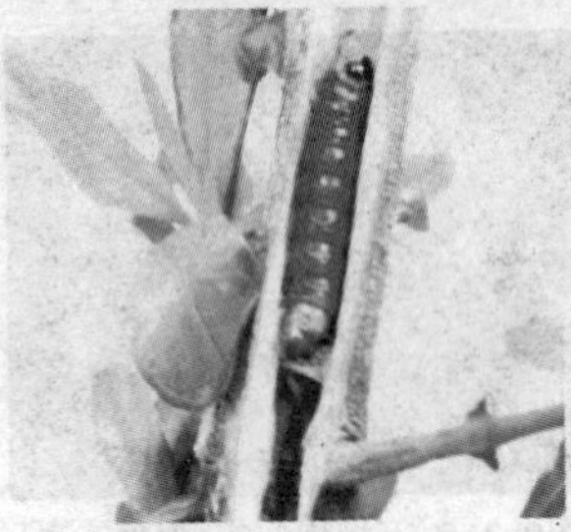

图9-5-1 咖啡木蠹蛾蛹

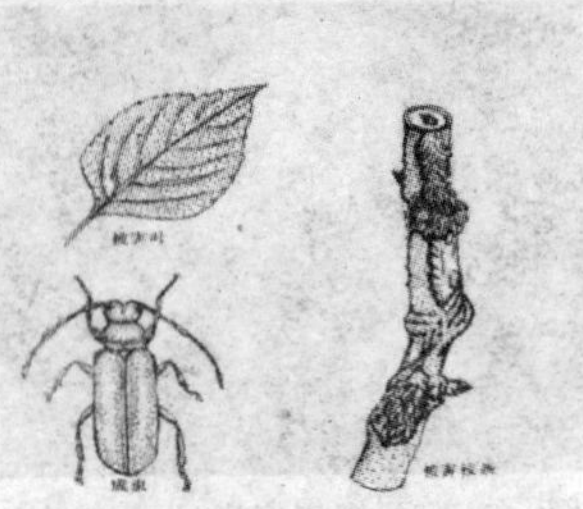

图9-5-2 咖啡木蠹蛾头胸部放大

图9-6-1 石榴巾夜蛾成虫栖息状

图9-6-2 石榴巾夜蛾成虫半展翅状

图9-7-1 玫瑰巾夜蛾雌雄成虫

图9-7-2 玫瑰巾夜蛾成虫半展翅状

附九 绿色防控实用技术

(一)无人机防控

图10-1 无人机在柑橘园防治病虫害

图10-2 无人机在桃园防治病虫害

(二)诱控设备

图10-3 杀虫灯在柑橘园诱杀害虫

图10-4 杀虫灯在柑橘园诱杀害虫

图10-5 性诱剂在柑橘园诱杀实蝇

图10-6 性诱剂在柑橘园诱杀实蝇

图10-7 黄板在柑橘园诱杀蚜虫

图10-8 黄板在柑橘园诱杀蚜虫

(三)生物防控——天敌

图10-9 防治橘蚜的瓢虫

图10-10 防治螨类害虫的胡瓜钝绥螨

图10-11 防治螨类害虫的巴氏新小绥螨

参 考 文 献

［1］柑橘病虫害图册．成都：四川科学技术出版社，1975.

［2］中国农科院柑橘研究所：柑橘病虫图册（修订本）．成都：四川科学技术出版社，1984.

［3］石万成，刘旭．果树害虫及其防治．成都：四川科学技术出版社，1991.

［4］石万成．中国农林昆虫地理区划——四川省农林昆虫地理区划．北京：中国农业出版社，1998.

［5］曲爱军，朱承美，郭树嘉，等．柑橘粉虱生物学特性研究［J］．昆虫知识，1998，35（4）：213－215.

［6］曹子刚．桃李杏樱桃病虫害看图防治．北京：中国农业出版社，1999.

［7］曾土迈等．农作物有害生物可持续治理研究进展．北京：农业出版社，1999.

［8］张志恒，王官国．柑橘粉虱生物学特性及药剂防治研究［J］．中国南方果树，2001，30（2）：7－9.

［9］王金友，姜元振等．梨树病虫害防治．北京：金盾出版社，2001.

［10］涂建华等．果树病虫害综合防治．成都：四川人民出版社，2001.

［11］张宝棣．果树病虫害原色图谱．北京：广东科技出版社，2003.

[12] 刘俊生，李鑫，樊民同，等. 梨黑星病发生主要诱因分析[J]. 中国植保导刊，2004，24（10）：22－23.

[13] 王明，忠红阳. 猕猴桃质量体系研究—病虫害及其防治[J]. 田资源开发与市场，2005，21（5）：443－446.

[14] 张诚. 柑橘粉虱的发生及防治技术[J]. 中国南方果树，2005，34（1）：15－16.

[15] 夏声广，唐启义. 柑橘病虫害防治原色生态图谱. 北京：中国农业出版社，2006.

[16] 薛毅民等. 桃树病虫害的无公害防治[J]. 北方果树，2006（2）：49－50.

[17] 石万成，夏先全. 正确掌握柑橘红蜘蛛、黄蜘蛛药剂防治时期[J]. 四川农业科技，2006（3）：36.

[18] 兰景华. 柑橘叶片主要害虫的防治[J]. 四川农业科技. 2007（3）：47－48.

[19] 张武军，石万成，沈丽. 果树病虫害综合防治. 成都：四川教育出版社，2008.

[20] 郭书普. 新版果树病虫害防治彩色图鉴. 北京：中国农业大学出版社，2009.

[21] 王克有，付生辉，等. 桃树主要病虫害的综合防治技术[J]. 中国园艺学会桃分会，中国园艺学会桃分会第二届学术年会论文集 2009：144－148.

[22] 陈洪军，胡英阁，赵秀成，等. 无公害生态果园病虫害综合防治技术[J]. 中国西部科技，2009，8（20）：47－48.

[23] 刘旭，刘虹伶，雷应华，等. 抓好柑橘木虱防治保护新梢生长[J]. 四川农业科技，2010（7）：43－43.

[24] 雷艳梅，廖冬晴，黄树长，等. 广西番石榴园橘小实蝇综合防治研究[J]. 安徽农业科学，2011，9（11）：6438－6440.

[25] 袁云香，刘阳. 猕猴桃的病虫害及其防治田[J]. 江苏农业科学，2011，39（3）：136－138.

[26] 刘旭，代娟. 四川柑橘粉虱类害虫的发生于防治技术[J].

四川农业科技，2011（4）：44.

［27］刘旭，石万成. 果树主要病虫害无公害防治技术. 成都：四川科学技术出版社，2012.

［28］刘旭，刘虹伶. 四川柑橘粉虱生物学特性及发生规律的研究［J］. 西南农业大学学报，2012，25（6）：2108－2111.

［29］吕佩珂，苏慧兰，庞震等. 中国现代果树病虫原色图鉴. 北京：化学工业出版社，2013.

［30］刘虹伶，石万成，杨东升，等. 四川柑橘园主要害虫消长动态研究［J］. 西南农业学报，2013，26（2）：629－632.

［31］陈唯王. 广西乐业县猕猴桃栽培与病虫害防治技术的研究［D］. 广西大学，2013.

［32］佚名. 中国柑橘优势区域布局规划［J］. 农业工程技术：农产品加工业，2009（9）：11－13.

［33］刘旭，刘虹伶，陈庆东，等. 暖冬气候对今春四川柑橘害螨的影响及防控建议［J］. 四川农业科技，2015（3）：37.

［34］何平，余爽，陈建雄，等. 四川攀西地区石榴的主要病虫害及绿色防控技术措施［J］. 中国热带农业，2015（3）：46－49.

［35］覃杨，鲁会玲，肖丽珍等. 生物农药对哈尔滨地区露地葡萄病虫害的防控效果［J］. 黑龙江农业科学，2015（5）：51－53.

［36］刘虹伶，刘旭，高泽怀，等. 资中县塔罗科血橙主要病虫害种类调查与防治对策初步研究［J］. 四川农业科技，2015（10）：32－35.

［37］刘旭，石万成，刘虹伶，等. 柑橘园（杂柑）昆虫群落演替的初步研究［J］. 西南农业学报，2015，28（1）：172－176.

［38］吉沐祥，李国平，芮东明，等. 江苏省鲜食葡萄病虫害绿色防控技术规程［J］. 江苏农业科学，2015，43（7）：107－109.

［39］陈庆东，刘虹伶，杨东升，等. 四川省攀枝花市杧果茶黄蓟马发生危害现状与防控对策［J］. 四川农业科技，2016（5）：33－34.